» ESTATÍSTICA APLICADA A TODOS OS NÍVEIS

Nelson Pereira Castanheira

» ESTATÍSTICA APLICADA A TODOS OS NÍVEIS

3ª edição

Rua Clara Vendramin, 58 . Mossunguê
CEP 81200-170 . Curitiba . PR . Brasil
Fone: (41) 2106-4170
www.intersaberes.com
editora@intersaberes.com

Conselho editorial
Dr. Alexandre Coutinho Pagliarini
Dr.ª Elena Godoy
M.ª Maria Lúcia Prado Sabatella
Dr. Neri dos Santos

Editora-chefe
Lindsay Azambuja

Gerente editorial
Ariadne Nunes Wenger

Assistente editorial
Daniel Viroli Pereira Pinto

Edição de texto
Monique Francis Fagundes Gonçalves

Capa
Denis Kaio Tanaami (design)
Silvio Gabriel Spannenberg (adaptação)

Projeto gráfico
Bruno Palma e Silva

Diagramação
Carolina Perazzoli

Equipe de *design*
Silvio Gabriel Spannenberg

Iconografia
Regina Claudia Cruz Prestes

Dados Internacionais de Catalogação na Publicação (CIP)
(Câmara Brasileira do Livro, SP, Brasil)

Castanheira, Nelson Pereira.
   Estatística aplicada a todos os níveis / Nelson Pereira Castanheira. -- 3. ed. -- Curitiba : Editora Intersaberes, 2023. -- (Série matemática aplicada)

   Bibliografia.
   ISBN 978-85-227-0459-0

   1. Estatística 2. Estatística matemática I. Título. II. Série.

23-142699   CDD-519.5

Índices para catálogo sistemático:
1. Estatística aplicada   519.5

Cibele Maria Dias – Bibliotecária – CRB-8/9427

1ª edição, 2012.
2ª edição – revista e ampliada, 2018.
3ª edição, 2023.
Foi feito o depósito legal.
Informamos que é de inteira responsabilidade do autor a emissão de conceitos.
Nenhuma parte desta publicação poderá ser reproduzida por qualquer meio ou forma sem a prévia autorização da Editora InterSaberes.
A violação dos direitos autorais é crime estabelecido na Lei n. 9.610/1998 e punido pelo art. 184 do Código Penal.

Sumário

Apresentação 9

Como aproveitar ao máximo este livro 10

1 Introdução à estatística 13

2 Apresentação dos dados 23

3 Distribuição de frequências 45

4 Medidas de tendência central e de posição 57

5 Medidas de dispersão 75

6 Medidas de assimetria e medidas de curtose 97

7 Cálculo de probabilidades 113

8 Distribuição binomial de probabilidades 147

9 Distribuição de Poisson de probabilidades 159

10 Distribuição normal de probabilidades 169

11 A distribuição qui-quadrado 195

12 Inferência estatística 203

13 Teste de hipóteses 225

14 Análise da variância (Anova) 239

15 Teste para comparação de duas médias (Teste t de Student) 253

Para concluir... 263

Referências 265

Respostas 267

Sobre o autor 275

Dedico este livro aos meus filhos, Kendric, Marcella e Marcel, aos quais agradeço a compreensão e a colaboração durante a execução desta obra.

Apresentação

A estruturação deste livro foi pensada conforme se apresenta para permitir a aplicação tanto em cursos presenciais quanto em cursos de educação a distância. Nesta obra, buscamos utilizar uma linguagem de fácil compreensão, abordando os tópicos de forma progressiva e lógica, a fim de possibilitar um estudo agradável.

Nos Capítulos 1 e 2, apresentamos a estatística e demonstramos como expor os dados obtidos em uma pesquisa.

No Capítulo 3, detalhamos a distribuição de frequências, ferramenta importantíssima para a tomada de decisões.

No Capítulo 4, apresentamos as medidas de tendência central, com ênfase na média, na mediana e na moda.

No Capítulo 5, tratamos das medidas de dispersão, em que o ponto alto é a determinação do desvio padrão de um conjunto de dados.

No Capítulo 6, realizamos cálculos com as principais medidas de assimetria e de curtose, identificando onde elas se aplicam.

Nos Capítulos de 7 a 10, abordamos pormenorizadamente a teoria das probabilidades, com especial atenção ao cálculo da distribuição de probabilidades.

No Capítulo 11, apresentamos os passos da distribuição qui-quadrado. No Capítulo 12, versamos sobre o estudo da inferência estatística e, no Capítulo 13, mostramos como se efetua o teste de hipóteses. Ainda, acrescentamos o Capítulo 14, sobre a análise de variância (Anova), e o Capítulo 15, dedicado ao Teste t de Student.

Boa leitura.

Como aproveitar ao máximo este livro

Este livro traz alguns recursos que visam enriquecer o seu aprendizado, facilitar a compreensão dos conteúdos e tornar a leitura mais dinâmica. São ferramentas projetadas de acordo com a natureza dos temas que vamos examinar. Veja a seguir como esses recursos se encontram distribuídos no decorrer desta obra.

Conteúdos do capítulo
- Definição de estatística.
- Finalidade dos métodos estatísticos.
- Tipos de estatísticas: descritiva e indutiva.
- Fases do método estatístico.
- Fontes oficiais de consulta de dados.

Logo na abertura do capítulo, você fica conhecendo os conteúdos que serão nele abordados.

Após o estudo deste capítulo, você será capaz de:
1. descrever o que se entende por estatística descritiva e estatística indutiva;
2. relacionar, passo a passo, os itens necessários à realização de uma pesquisa.

Você também é informado a respeito das competências que irá desenvolver e dos conhecimentos que irá adquirir com o estudo do capítulo.

Síntese

Adentrando no estudo da estatística descritiva, exercitamos e conceituamos, neste capítulo, aspectos relativos à distribuição de frequências, em que trabalhamos com população e amostra. Nessa construção de conhecimentos, especificamos as características das variáveis envolvidas no processo, as quais podem ser quantitativas ou qualitativas. Estas últimas, por sua vez, ainda podem ser classificadas em ordinal e nominal, enquanto as primeiras (as quantitativas) são inseridas em dois grupos: discretas e contínuas. Como já dissemos, variáveis quantitativas são medições e contagens e as qualitativas são as usadas na descrição de aspectos de pertinência. Acrescentamos que, para elaborar uma distribuição de frequência, também é necessário conhecer ou determinar a quantidade de intervalos ou classes. Como o objetivo não é apenas você construir os conceitos, mas principalmente saber aplicá-los, traçamos todo esse panorama lançando mão de exercícios práticos.

> Você dispõe, ao final do capítulo, de uma síntese
> que traz os principais conceitos nele abordados.

Exercícios resolvidos

1. Quantas classes ou intervalos temos em uma pesquisa que resultou em 800 observações?

    Aplicando a fórmula do método de Sturges, temos que:

    $i = 1 + 3{,}3 \cdot \log 800$

    $i = 1 + 3{,}3 \cdot 2{,}9031$

    $i = 10{,}58023$

    RESPOSTA: Para 800 observações, devemos ter 11 classes ou intervalos de valores.

2. Quantas são as classes (ou intervalos) em uma pesquisa em que temos somente 40 observações?

    $i = 1 + 3{,}3 \cdot \log 40$

    $i = 1 + 3{,}3 \cdot 1{,}60206$

    $i = 6{,}2868$

    RESPOSTA: Temos sete classes (ou intervalos).

> Nesta seção a proposta é acompanhar passo a passo
> a resolução de alguns problemas mais complexos
> que envolvem o assunto do capítulo.

π Questões para revisão

1. Ao realizarmos um teste de Estatística em uma turma de 40 alunos, obtivemos os seguintes resultados (dados brutos):

   7 - 6 - 8 - 7 - 6 - 4 - 5 - 7 - 7 - 8 - 5 - 10 - 6 - 7 - 8 - 5 - 10 - 4 - 6 - 7 - 7 - 9 - 5 - 6 - 8 - 6 - 7 - 10 - 4 - 6 - 9 - 5 - 8 - 9 - 10 - 7 - 7 - 5 - 9 - 10.

   Qual resultado aconteceu com a maior frequência?

   ( ) 10   ( ) 6   ( ) 7

   ( ) 9   ( ) 5

   ( ) 8   ( ) 4

Com estas atividades, você tem a possibilidade de rever os principais conceitos analisados. Ao final do livro, o autor disponibiliza as respostas às questões, a fim de que você possa verificar como está sua aprendizagem.

Introdução à estatística

Conteúdos do capítulo
- Definição de estatística.
- Finalidade dos métodos estatísticos.
- Tipos de estatísticas: descritiva e indutiva.
- Fases do método estatístico.
- Fontes oficiais de consulta de dados.

Após o estudo deste capítulo, você será capaz de:
1. descrever o que se entende por estatística descritiva e estatística indutiva;
2. relacionar, passo a passo, os itens necessários à realização de uma pesquisa.

O que é estatística?

É extremamente difícil definir estatística, e, tendo em vista que seu domínio é muito amplo, o número de definições que encontramos é extremamente grande.

O dicionarista Aurélio Buarque de Holanda Ferreira (1986) definiu-a como uma parte da matemática em que se investigam os processos de obtenção, organização e análise de dados sobre uma população ou sobre uma coleção de seres quaisquer, e os métodos de tirar conclusões e fazer predições com base nesses dados. Trata-se, portanto, de "uma metodologia desenvolvida para a coleta, a classificação, a apresentação, a análise e a interpretação de dados quantitativos e a utilização desses dados para a tomada de decisões" (Toledo; Ovalle, 1995).

Devemos observar que esses dados se referem a fenômenos de massa, ou coletivos, e às relações que existem entre eles. É importante ressaltar que os dados – após análise – devem ser interpretados, uma vez que "as estatísticas 'mentem' apenas quando estão erradas ou, no mínimo, estão sendo mal interpretadas" (Vieira, 1999).

Parece difícil, não é? Mas não se preocupe. Você verá, ao longo deste estudo, que a estatística é simples.

Convém lembrar que, hoje, a parte "maçante" da estatística é realizada pelos computadores, e ao estudante ou ao profissional de estatística cabe interpretar e entender o significado do que foi processado. Para a estatística, somente interessam os fatos que englobam um grande número de elementos, pois ela busca encontrar leis de comportamento para todo o conjunto e não se preocupa com cada um dos elementos em particular.

As técnicas estatísticas, associadas a programas adequados de informática, constituem valiosos instrumentos para a administração.

Sua aplicação é muito ampla. A estatística é utilizada diariamente em diferentes situações, como: no cálculo de consumo médio de água ou de energia; na área da saúde (no estudo da epidemiologia, na bioestatística); na melhoria ou no projeto de um produto (na engenharia); na análise de gastos militares ou indicadores socioeconômicos (na ciência política); no estudo das vulnerabilidades dos principais países do mundo (nas relações internacionais), e assim por diante (Estatísticas..., 2016).

A natureza dos métodos estatísticos

Métodos estatísticos são métodos para o tratamento de dados numéricos e referem-se a dados coletados, cujo destino é permitir que os estatísticos cheguem a conclusões sobre o que está sendo estudado (pessoas ou coisas).

População

Já mencionamos que a estatística tem como objetivo o estudo dos fenômenos de massa, ou coletivos, e das relações entre eles. Precisamos, portanto, ter bem claro que fenômeno coletivo é aquele que se refere a um grande número de elementos, sejam pessoas, sejam coisas, aos quais denominamos *população* ou *universo*. A estatística procura encontrar leis de comportamento para toda a população, ou universo; não se preocupa, portanto, com cada elemento em particular.

De acordo com o seu tamanho, a população, ou universo, pode ser classificada como *finita* ou *infinita*.

Exercícios resolvidos

1. Se a população finita é aquela cujo número total (número finito) de elementos é conhecido, e estamos analisando o aproveitamento nas aulas de Estatística de uma turma de 50 alunos, sabemos, portanto, exatamente quantos alunos estão sendo observados. Que tipo de população estamos observando?

   Resposta: Uma população finita, pois a população de alunos é finita.

2. Sabemos que a população que apresenta um número infinito de elementos é infinita. Por exemplo, se desejarmos saber quantas pétalas têm, em média, as rosas que florescem no Brasil, estaremos diante de uma situação em que não sabemos exatamente quantas são as rosas que florescem em nosso país. Que tipo de população é a dessas rosas?

   Resposta: A população de rosas é considerada infinita ou "praticamente" infinita. Lembre-se de que denominamos *população infinita* qualquer população cuja quantidade de elementos seja muito grande ou difícil de ser quantificada.

> População é o conjunto de elementos que desejamos observar para obtermos determinados dados.

Amostra

Quando a população é muito grande, certamente é difícil, ou mesmo impossível, a observação de determinada característica em todos os seus elementos. Daí a necessidade de selecionarmos uma parte finita dessa população, para que possamos realizar a observação e obter os dados que desejamos. Essa parte da população é denominada *amostra*.

Retomando o exemplo anterior: nele desejávamos saber quantas pétalas têm as rosas que florescem no Brasil. Como é impossível contar as pétalas de todas essas flores, selecionamos uma quantidade finita de rosas, 80, e contamos, uma a uma, as suas pétalas. Nesse exemplo, estamos trabalhando com uma amostra (uma quantidade finita) de 80 rosas.

> Amostra é o subconjunto de elementos retirados da população que estamos observando para obtermos determinados dados.

Estatística descritiva e estatística indutiva

A estatística descritiva, ou dedutiva, objetivo descrever e analisar determinada população, sem pretender tirar conclusões de caráter mais genérico. É a parte da estatística referente à coleta e à tabulação dos dados. (Martins; Donare, 1990).

É comum o estatístico defrontar-se com a situação de dispor de tantos dados que se torna difícil absorver completamente a informação que está investigando. É extremamente difícil captar intuitivamente todas as informações que os dados contêm. É necessário, portanto, que as informações sejam reduzidas até o ponto em que seja possível interpretá-las mais claramente.

A **estatística descritiva** é um número que, sozinho, descreve uma característica de um conjunto de dados, ou seja, é um número-resumo que possibilita reduzir os dados a proporções mais facilmente interpretáveis (Toledo; Ovalle, 1995).

A **estatística indutiva, ou inferência estatística**, é a parte da estatística que, baseando-se em resultados obtidos na análise de uma amostra da população, procura inferir, induzir ou estimar as leis de comportamento da população da qual a amostra foi retirada. Refere-se a um processo de generalização a partir de resultados particulares; é, portanto, a parte da estatística concernente às conclusões sobre as fontes de dados.

Por exemplo, suponhamos que desejamos conhecer o grau de pureza de bauxita a ser transportada em um navio no Porto de Santos. Como não podemos verificar esse grau de pureza em toda a população de bauxita, coletamos uma parte dessa população, como amostra, procedemos aos testes necessários e consideramos que o resultado obtido nesse teste é válido para toda a população de bauxita.

Esse processo de **generalização**, que é característico do método indutivo, está associado a uma margem de **incerteza**. A incerteza deve-se ao fato de a conclusão, que pretendemos obter para toda a população analisada, basear-se em uma amostra do total de observações. A medida da incerteza é tratada mediante técnicas e métodos que se fundamentam na teoria das probabilidades.

É, então, importante você entender bem a definição de *inferência estatística*, expressa a seguir.

> **Inferência estatística** é o processo pelo qual se admite que os resultados obtidos na análise dos dados de uma amostra são válidos para toda a população da qual aquela amostra foi retirada. Consiste em obter e generalizar conclusões.

Fases do método estatístico (estatística descritiva)

Quando pretendemos fazer um estudo estatístico completo em determinada população ou amostra, o trabalho que realizaremos deve passar por várias fases, que são desenvolvidas até chegarmos aos resultados finais que procurávamos.

As principais fases são: definição do problema; delimitação do problema; planejamento para obtenção dos dados; coleta dos dados; apuração dos dados; apresentação dos dados; análise dos dados e interpretação dos dados.

A seguir apresentamos detalhadamente cada uma dessas fases.

Definição do problema

Consiste em definir com clareza o que pretendemos pesquisar, qual é o objeto de estudo e qual é exatamente o objetivo que desejamos alcançar.

Delimitação do problema

Não é suficiente saber com clareza o que pretendemos pesquisar. É também necessário saber onde será realizada a pesquisa: em que local, com que tipo de pessoas (ou coisas), em que dias (ou horários) e assim por diante.

Planejamento para obtenção dos dados

A fase seguinte é o planejamento, ou seja, respondemos às perguntas: Como resolver o problema? Que dados serão necessários? Como obter esses dados?

Às vezes, é suficiente a pura observação; no entanto, na maioria das ocasiões, é preciso elaborar um questionário ou um roteiro de entrevista. Nesse caso, são necessárias pessoas para distribuir questionários ou para realizar entrevistas. Eis a maior preocupação do estatístico (ou pesquisador): conseguir a mão de obra com o perfil adequado a cada caso.

Ainda nessa fase, deve estar bem claro o cronograma das atividades, assim como o tamanho da população ou da amostra a ser pesquisada e a verba disponível para a realização da pesquisa.

Coleta dos dados

Essa fase consiste na obtenção de dados propriamente ditos, seja por meio de simples observação, seja mediante a utilização de alguma ferramenta, como um questionário ou um roteiro de entrevista. É, provavelmente, a fase mais importante da pesquisa, pois, se a forma utilizada não atender às expectativas, ocorre perda de tempo e de dinheiro.

Apuração dos dados

Antes de iniciarmos a apuração dos dados obtidos na pesquisa, devemos proceder à crítica de tais dados, ou seja, descartar aqueles que foram fornecidos de forma errônea. Por exemplo, questionários respondidos pela metade não deverão ser levados em consideração. Nessa etapa, resumimos os dados por meio de sua contagem, de separação por tipo de resposta e de agrupamento de dados semelhantes. É o que denominamos *tabulação de dados*.

Apresentação dos dados

Os dados, uma vez apurados, podem ser apresentados em forma de tabelas ou em forma de gráficos.

Uma tabela consiste em dados dispostos em linhas e colunas distribuídas de modo ordenado, com a vantagem de exibir em um só local todos os resultados obtidos em determinada pesquisa, facilitando a análise e a interpretação desses resultados.

Para facilitar ainda mais a visão do estatístico (ou pesquisador), podemos transformar os dados tabulados em gráficos, cujos principais tipos você aprenderá adiante.

Análise dos dados

Nessa fase, o interesse principal do estatístico (ou pesquisador) é chegar a conclusões que o auxiliem na solução do problema que o levou a executar a pesquisa. Tal análise está intimamente ligada ao cálculo de medidas que permite descrever, com detalhes, o fenômeno que está sendo analisado.

Interpretação dos dados

Para a interpretação dos dados analisados, devemos ter em mãos os dados tabulados, os gráficos (se tiverem sido feitos) e os cálculos das medidas estatísticas, que nos permitem até mesmo arriscar algumas generalizações. Lembramos que tais generalizações (a inferência estatística) são acompanhadas de certo grau de incerteza, pois não podemos garantir cem por cento que os resultados obtidos numa amostra sejam totalmente verdadeiros para toda a população à qual aquela amostra pertence.

Órgãos e normas oficiais

Lembre-se: nem sempre é preciso fazer uma pesquisa para obter dados sobre determinado assunto. Às vezes, esses dados já existem e estão à disposição dos interessados em órgãos particulares ou governamentais.

Em geral, os dados nacionais (dados sobre o Brasil) podem ser obtidos no Instituto Brasileiro de Geografia e Estatística (IBGE), que pode ser acessado pelo endereço <http://www.ibge.gov.br>.

Quanto aos dados locais, podemos citar o caso de Curitiba, que conta com o Instituto de Pesquisa e Planejamento Urbano de Curitiba (Ippuc), o qual pode ser acessado pelo *link* <http://www.ippuc.org.br>. A cidade também dispõe do Instituto Paranaense de Desenvolvimento Econômico e Social (Ipardes), disponível em <http://www.ipardes.gov.br>.

Outros bons exemplos são o Instituto Bonilha – Pesquisa de Opinião e Mercado S/C Ltda <http://www.bonilha.com.br> e o Instituto Nacional de Estudos e Pesquisas Educacionais Anísio Teixeira (Inep), que pode ser acessado pelo endereço <http://www.inep.gov.br>.

Na verdade, há uma infinidade de fontes de dados de pesquisas; os bancos, os ministérios, as bolsas de valores, os sindicatos e os tribunais são alguns exemplos.

Para dados internacionais, os órgãos também são muitos. Por exemplo, se desejamos informações sobre estatísticas sociais e trabalhistas, elas podem ser obtidas na Organização Internacional do Trabalho (OIT), com sede em Genebra, que pode ser acessado pelo *link* <http://www.ilo.org>.

Quanto às normas técnicas para apresentação tabular da estatística brasileira, há a Resolução n. 866 da Junta Executiva Central do Conselho Nacional de Estatística, de 22 de dezembro de 1965 (IBGE, 1966). A quem interessar, tais normas podem ser adquiridas em qualquer agência do IBGE (não é objetivo de nosso estudo o detalhamento e o entendimento de tais normas).

Síntese

Com o objetivo de situá-lo no universo da estatística, iniciamos este capítulo com a busca de uma possível definição para essa ciência, de modo que você compreenda o valioso instrumento que ela representa para a administração. Também desenvolvemos a conceituação de população e amostra, no âmbito estatístico. Fizemos isso por entendermos que é necessária uma visão clara sobre o que abrange o fenômeno estatístico – o coletivo. Sendo coletivo, nem sempre é possível de ser checado no todo, daí a importância de trabalharmos com amostras. Você ainda nos acompanhou na descrição das características da estatística descritiva e da estatística indutiva. Nesse contexto, verificamos que as fases do método estatístico compreendem as atividades de: definição do problema, delimitação do problema, planejamento para a obtenção dos dados, seguido pela coleta, apuração, apresentação, análise e interpretação dos dados. No que se refere à obtenção de dados, importa salientar que muitas vezes basta acessá-los em órgãos governamentais ou particulares, tornando prescindível a pesquisa de campo.

Questões para revisão

1. O que é população no âmbito da estatística? Elabore uma definição.

2. Explique o que é amostra para a estatística.

3. Assinale a assertiva que define o que é estatística descritiva.

   a) É o cálculo de medidas que permite descrever, com detalhes, o fenômeno que está sendo analisado.

   b) É a parte da estatística referente à coleta e à tabulação dos dados.

c) É a parte da estatística referente às conclusões sobre as fontes de dados.

d) É a generalização das conclusões sobre as fontes de dados.

e) É a obtenção dos dados, seja por meio de simples observação, seja mediante utilização de alguma ferramenta.

4. Assinale a assertiva que define a estatística indutiva.

a) É o cálculo de medidas que permite descrever, com detalhes, o fenômeno que está sendo analisado.

b) É a parte da estatística referente à coleta e à tabulação dos dados.

c) É a parte da estatística referente às conclusões sobre as fontes de dados.

d) É a generalização das conclusões sobre as fontes de dados.

e) É a obtenção dos dados, seja por meio de simples observação, seja mediante a utilização de alguma ferramenta.

5. São duas fases do método estatístico:

a) Criar um problema e coletar os dados.

b) Criar um problema e analisar os dados.

c) Planejar um problema e coletar os dados.

d) Coletar os dados e analisar os dados.

e) Apurar os dados e analisar um problema.

Apresentação dos dados

Conteúdos do capítulo

- Tabulação e seus procedimentos.
- A distribuição de frequências na apresentação de resultados.
- A representação gráfica na apresentação de dados.

Após o estudo deste capítulo, você será capaz de:
1. construir e identificar uma tabela estatística;
2. desenhar um gráfico e interpretá-lo;
3. dominar noções preliminares sobre distribuição de frequências e séries.

Ao tratarmos de tabulação, é comum aplicarmos conceitos como **dados brutos**, **rol** e **frequência**. Certamente você está se perguntando: E o que é isso? Fique tranquilo, porque é algo extremamente simples. Para provar isso, imaginemos que um teste foi aplicado a uma turma de 50 alunos. Lembre-se: esses 50 alunos constituem a população a ser pesquisada.

Suponhamos que, à medida que faz a correção dos testes, o professor anota as notas obtidas pelos alunos. A transcrição desses resultados constitui o que denominamos, na estatística, **dados brutos**.

> Dados brutos são a relação dos resultados obtidos em uma pesquisa e que foram transcritos aleatoriamente, ou seja, fora de qualquer ordem.

Os dados brutos são os dados originais, coletados em uma pesquisa, e que ainda não se encontram prontos para análise por não estarem numericamente organizados. (Toledo; Ovalle, 1995).

Retomando o exemplo, suponhamos que as notas do teste a que nos referimos tenham sido as seguintes:

7 - 6 - 8 - 9 - 6 - 5 - 7 - 4 - 6 - 8 - 9 - 8 - 7 - 6 - 10 - 8 - 4 - 5 - 6 - 10 - 5 - 8 - 4 - 3 - 8 - 7 - 9 - 6 -10 - 7 - 7 - 7 - 9 - 5 - 4 - 5 - 9 - 10 - 8 - 8 - 6 - 7 - 5 - 10 -8 - 6 - 7- 7 - 10 - 6.

Num primeiro momento, esses números parecem transmitir pouca ou nenhuma informação. É preciso, então, primeiramente colocá-los em ordem, ou seja, transformá-los em um **rol**.

> Rol, portanto, é a relação dos resultados obtidos em uma pesquisa e que foram colocados em ordem numérica, crescente ou decrescente.

Coloquemos em ordem crescente os dados brutos anteriormente relacionados.

3 - 4 - 4 - 4 - 4 - 5 - 5 - 5 - 5 - 5 - 5 - 6 - 6 - 6 - 6 - 6 - 6 - 6 - 6 - 6 - 7 - 7 - 7 - 7 - 7 - 7 - 7 - 7 - 7 - 7 - 8 - 8 - 8 - 8 - 8 - 8 - 8 - 8 - 8 - 9 - 9 - 9 - 9 - 9 - 10 - 10 - 10 - 10 - 10 - 10.

Melhorou! No entanto, ainda está confuso para tirarmos alguma conclusão. O que devemos fazer então?

Precisamos, agora, agrupar os valores que são iguais, para deduzirmos alguma coisa a respeito dos resultados obtidos nesse teste aplicado à turma de 50 alunos.

O primeiro passo consiste em verificarmos se temos notas que se repetem, isto é, se existem dois ou mais alunos com a mesma nota. O número de vezes que um mesmo valor se repete é chamado *frequência*.

> Frequência ou frequência absoluta, aqui indicada por f, é o número de vezes que um mesmo resultado acontece durante uma pesquisa.

Para o exemplo que estamos analisando, apresentamos os resultados na Tabela 2.1.

Tabela 2.1 – Notas obtidas pelos alunos

Notas	Frequência
3	1
4	4
5	6
6	9
7	10
8	9
9	5
10	6

Agora ficou mais fácil interpretar os resultados obtidos pela turma. Verificamos que a menor nota foi 3, e a maior, 10. Verificamos ainda que a nota que ocorreu com a maior frequência (ou seja, que ocorreu o maior número de vezes) foi 7.

Frequência absoluta acumulada ou frequência acumulada (fa)

Frequência acumulada é o somatório das frequências dos valores inferiores ou iguais ao valor dado. Nós a designaremos por fa. Vejamos, como exemplo, a Tabela 2.2.

Tabela 2.2 – Frequência acumulada da idade dos alunos

Idade	Frequência (f)	Frequência acumulada (fa)
4	4	4
5	5	9
6	7	16
7	4	20

Tabelas

Uma vez concluída a coleta e a ordenação dos dados de uma pesquisa, devemos apresentá-los de tal forma que o leitor consiga identificar, rapidamente, uma série de informações. Para tal, a estatística costuma utilizar-se de duas ferramentas: tabelas e gráficos.

Comecemos pelo estudo de tabelas. A estrutura de uma tabela é constituída de três partes: cabeçalho, corpo e rodapé. (Fonseca; Martins, 1996).

O **cabeçalho** é a parte da tabela que contém o suficiente para esclarecer ao leitor o que ela sintetiza. Por exemplo, Notas da turma A em Estatística – 1º bimestre/2006.

O **corpo** da tabela é constituído de linhas e colunas, nas quais são distribuídos os dados apurados na pesquisa.

O **rodapé** é o espaço no qual são colocadas as informações que permitem esclarecer a interpretação da tabela. Por exemplo, no rodapé, podem constar a legenda e a fonte dos dados.

Exercício resolvido

1. Represente em uma tabela os resultados do teste que foi aplicado à turma de 50 alunos, cujos resultados foram ordenados anteriormente.

Tabela 2.3 – Notas da turma A em Estatística – 1º bimestre

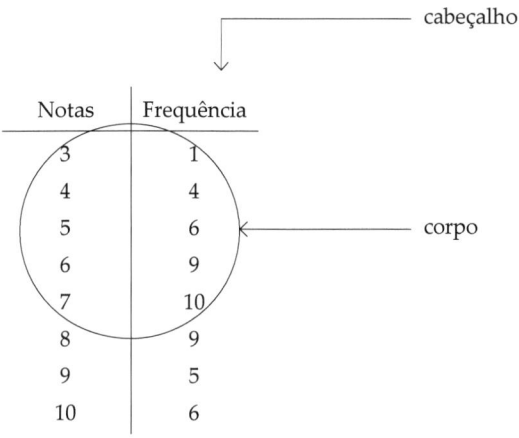

Fonte: Dados fictícios elaborados pelo autor. ←———— rodapé

Distribuição de frequências

Quando estuda uma variável, o maior interesse do pesquisador é conhecer o comportamento dessa variável, analisando a ocorrência de suas possíveis realizações. Uma distribuição de frequências é a apresentação dos resultados de uma pesquisa por meio de uma tabela que mostra a frequência (o número de vezes) de ocorrência de cada resultado.

Assim, a Tabela 2.3, mostrada anteriormente, é uma distribuição de frequências.

Vamos praticar para que você tire suas dúvidas.

Exercícios resolvidos

1. Estime a altura dos 50 alunos que realizaram o teste anteriormente mencionado. Considerando os seguintes resultados obtidos nas medições, em centímetros (dados brutos):

    Vamos supor que desejamos conhecer a altura dos 50 alunos que realizaram o teste, anteriormente mencionado. Imaginemos que os resultados obtidos nas medições, em centímetros (dados brutos), foram:

    160 - 168 - 174 - 169 - 180 - 165 - 173 - 174 - 170 - 168 - 172 - 164 - 164 - 170 - 167 - 178 - 175 - 165 - 176 - 165 - 161 - 170 - 172 - 179 - 160 - 177 - 174 - 167 - 162 - 171 - 177 - 167 - 163 - 177 - 165 - 178 - 170 - 170 - 174 - 165 - 166 - 170 - 170 - 168 - 178 - 166 - 175 - 176 - 168 - 167.

    Inicialmente, precisamos transformar esses dados brutos em um **rol**:

    160 - 160 - 161 - 162 - 163 - 164 - 164 - 165 - 165 - 165 - 165 - 165 - 166 - 166 - 167 - 167 - 167 - 167 - 168 - 168 - 168 - 168 - 169 - 170 - 170 - 170 - 170 - 170 - 170 - 170 - 170 - 171 - 172 - 172 - 173 - 174 - 174 - 174 - 174 - 175 - 175 - 176 - 176 - 177 - 177 - 177 - 178 - 178 - 178 - 179 - 180.

2. Faça a distribuição de frequências dessa pesquisa em uma tabela:

    Tabela 2.4 – Alturas dos alunos da turma A

Alturas (cm)	Frequência (f)
160	2
161	1
162	1
163	1
164	2
165	5
166	2
167	4
168	4
169	1
170	7
171	1
172	2

    (continua)

(Tabela 2.4 – conclusão)

Alturas (cm)	Frequência (f)
173	1
174	4
175	2
176	2
177	3
178	3
179	1
180	1

Fonte: Dados fictícios elaborados pelo autor.

> Anote e guarde bem as definições de dados brutos, rol, frequência, frequência acumulada e de distribuição de frequências.

Classes ou intervalos

Quando o número de resultados obtidos em uma pesquisa é demasiadamente grande, é comum agruparmos esses resultados em faixas de valores, denominadas *classes* ou *intervalos*. Por exemplo, se um pesquisador deseja saber a idade das pessoas pesquisadas, ele as distribui em faixas etárias.

No entanto, ao resumirmos os valores individuais em intervalos ou classes, estamos conscientes de que algum erro pode estar sendo inserido.

Lembram-se dos 50 alunos que fizeram o teste, cujos resultados tabulamos anteriormente? Suponhamos que estejamos interessados em saber a faixa etária em que se encontram esses alunos, conforme representado na Tabela 2.5.

Tabela 2.5 – Faixa etária dos alunos

Faixa etária	Alunos (f)
0 a 5	
6 a 10	
11 a 15	
16 a 20	
21 a 25	
26 a 30	

Aos valores à esquerda de cada faixa etária, damos o nome *limites inferiores* (Li), e aos valores à direita, chamamos *limites superiores* (Ls) das classes ou intervalos. A representação acima é utilizada pelos órgãos governamentais; contudo, em trabalhos acadêmicos, a forma de representar uma classe ou intervalo é a que mostramos na Tabela 2.6.

Tabela 2.6 – Faixa etária dos alunos

Faixa etária	Alunos (f)
0 ⊢——— 5	
5 ⊢——— 10	
10 ⊢——— 15	
15 ⊢——— 20	
20 ⊢——— 25	
25 ⊢——— 30	

O símbolo ⊢——— representa que a classe ou intervalo é fechado à esquerda, ou seja, o valor escrito à esquerda (limite inferior) pertence ao intervalo e, como a classe ou intervalo é aberto à direita, o valor escrito à direita (limite superior) não pertence ao mesmo.

> Observe que, qualquer que seja a idade da pessoa pesquisada, ela se encaixa em apenas um dos intervalos.

Se subtrairmos o limite inferior do limite superior de determinada classe ou intervalo, temos o que se denomina **amplitude do intervalo**. Por exemplo, na tabela anterior, 25 menos 20 é igual a 5. Esta é a amplitude dos intervalos: 5.

Suponhamos que obtivemos, na pesquisa realizada, o resultado a seguir.

Tabela 2.7 – Faixa etária dos alunos da turma A

Faixa etária	Alunos (f)
0 ⊢——— 5	0
5 ⊢——— 10	6
10 ⊢——— 15	14
15 ⊢——— 20	20
20 ⊢——— 25	8
25 ⊢——— 30	2

A distribuição dos dados em classes ou intervalos é comumente utilizada quando temos uma população muito grande para representar. Por exemplo, desejamos fazer uma tabela com os resultados dos 50 mil candidatos no vestibular de determinada universidade federal; como as notas assumem, nesse caso, uma infinidade de valores, é conveniente agrupá-las em classes. Quem define a amplitude da classe é o responsável pela tabela, entretanto, é oportuno observar que todas as classes devem ter a mesma amplitude, para facilitar os cálculos que apresentaremos adiante.

E quantas classes deve ter a tabela? Com o propósito de ter confiabilidade nas informações, é apropriado que o número mínimo de classes ou intervalos seja igual a 5. Para que o visual da tabela não seja poluído, principalmente ao transformarmos a tabela em um gráfico, o número máximo de classes ou intervalos deve ser igual a 20. Lembre-se, esses números são apenas uma recomendação.

Outras grandezas são comumente agrupadas em classes ou intervalos, sendo que se destacam, entre elas, salários, pesos e alturas.

Limites dos intervalos ou das classes

Recordemos que os limites de um intervalo ou classe são os números extremos de cada intervalo ou classe. Por exemplo, na classe 20 ⊢───── 25, da Tabela 2.7, o limite à esquerda (20) é denominado *limite inferior* (Li), e o limite à direita (25), *limite superior* (Ls).

No caso, o valor 20 pertence ao intervalo, ou classe, e o valor 25 não pertence.

> Lembre-se: determinado valor só pode pertencer a um único intervalo (ou classe). No caso, o 25 pertence ao intervalo que vai de 25 a 30.

Amplitude dos intervalos ou das classes (A)

A amplitude do intervalo (ou classe) é obtida subtraindo-se o limite superior do limite inferior de qualquer classe da série ($A = Ls - Li$). Por exemplo, $A = 25 - 20 = 5$, então; na distribuição de frequências anterior, os intervalos (ou classes) têm amplitude $A = 5$.

A amplitude total (A_t) é igual ao maior limite superior menos o menor limite inferior. No exemplo da tabela 2.7, temos que:

$A_t = 30 - 0 = 30$

Ponto médio do intervalo ou da classe (Pm)

A partir do momento que resolvemos agrupar os resultados obtidos numa pesquisa em intervalos (ou classes), assumimos que o resultado para todo intervalo é um valor único e igual ao ponto médio desse intervalo. Por isso, como afirmamos, é preciso estar consciente de que um erro pode estar sendo inserido. Por exemplo, para o intervalo cujo limite inferior é 20 e cujo limite superior é 25, o ponto médio do intervalo é:

$$Pm = \frac{20+25}{2} = 22,5$$

Assumimos, desse modo, que as oito pessoas que estão nesse intervalo têm 22,5 anos.

Agora, vamos agrupar em classes as alturas dos 50 alunos dos nossos problemas anteriores (ver Tabela 2.4); para isso, faremos intervalos com amplitude igual a 3 centímetros (ver Tabela 2.8).

No Capítulo 3, estudaremos em detalhes como determinar esse número de classes ou intervalos.

Tabela 2.8 – Altura dos alunos da turma A

Altura	Alunos (f)
160 ⊢—— 163	4
163 ⊢—— 166	8
166 ⊢—— 169	10
169 ⊢—— 172	9
172 ⊢—— 175	7
175 ⊢—— 178	7
178 ⊢—— 181	5

Frequência relativa (fr)

A frequência relativa de um valor é dada pela fórmula:

$fr = \frac{f}{n}$, em que $n = \Sigma f$

Para exemplificar, vamos analisar a distribuição de frequências da Tabela 2.9.

Tabela 2.9 – Frequência relativa das idades dos alunos

Idades	Frequência (f)	Frequência relativa (fr)
18 ├── 21	9	9/100
21 ├── 24	12	12/100
24 ├── 27	12	12/100
27 ├── 30	17	17/100
30 ├── 33	16	16/100
33 ├── 36	14	14/100
36 ├── 39	11	11/100
39 ├──┤ 42	9	9/100
Σ*	100	100/100 = 1

Séries estatísticas

Série estatística é o nome que se dá a uma tabela na qual há um critério distinto que a especifica e a diferencia. Assim, podemos classificar as séries estatísticas em:

a) temporais (ou cronológicas, ou evolutivas, ou históricas);

b) geográficas (ou de localização, ou territorial, ou espacial);

c) específicas (ou categóricas, ou de qualidade);

d) conjugadas (ou mistas);

e) de distribuição de frequências.

As séries estatísticas diferenciam-se de acordo com a variação de um dos seguintes elementos: tempo (época), local (fator geográfico) e fato (fenômeno).

---

* O símbolo Σ é a letra grega maiúscula *sigma*, correspondente ao S do nosso alfabeto. Aqui, Σ significa "somatório" e Σf significa o "somatório de f", isto é, $f_1 + f_2 + \ldots f_n$.

Séries estatísticas temporais

A série temporal tem como característica a variação do tempo (época), ao passo que o local (fator geográfico) e o fato (fenômeno) permanecem fixos. São, portanto, séries em que os dados são produzidos (observados) ao longo do tempo (ver Tabela 2.10).

Tabela 2.10 – Número de veículos exportados no mês de janeiro, pelo Brasil, nos últimos cinco anos, da marca X

Ano	Automóveis exportados
2006	998
2007	1.234
2008	1.405
2009	890
2010	1.665

Séries estatísticas geográficas

A série geográfica tem como característica a variação do local de ocorrência (fator geográfico), enquanto o tempo (a época) e o fato (o fenômeno) permanecem fixos (ver Tabela 2.11).

Tabela 2.11 – Estimativas populacionais do Brasil – grandes regiões

Região	População
Norte	17.936.201
Nordeste	57.254.159
Sudeste	87.039.714
Sul	29.644.948
Centro-Oeste	15.875.907

Fonte: IBGE, 2017.

Séries estatísticas específicas

A série específica tem como característica a variação do fato (variação do fenômeno), enquanto o local (fator geográfico) e o tempo (a época) são constantes. Isso significa que os dados são agrupados segundo a modalidade de ocorrência (ver Tabela 2.12).

Tabela 2.12 – Número de candidatos no vestibular da universidade A

Áreas ofertadas	Número de candidatos
Ciências sociais aplicadas	5.404
Ciências exatas	3.221
Ciências humanas	6.558
Ciências biológicas	2.489
Ciências tecnológicas	1.559

Observe que, nesse caso, o fato se apresenta como um todo. Caso esteja disposto em classes, ou intervalos (dados agrupados), o fato dá origem à chamada *distribuição de frequências*, já estudada neste livro.

Séries estatísticas conjugadas

Uma **série** é **conjugada** ou mista quando existe a combinação entre as séries temporais, geográficas e específicas. Podem, portanto, variar o tempo (a época), o local (fator geográfico) e o fato (o fenômeno) simultaneamente (ver Tabela 2.13).

Tabela 2.13 – Número de veículos 0 km da marca X vendidos no Brasil, de 2006 a 2010, por região

Ano	Veículos vendidos				
	Norte	Nordeste	Sudeste	Sul	Centro-Oeste
2006	1.845	4.111	1.3802	8.901	3.470
2007	1.903	4.100	1.3944	9.380	3.401
2008	1.899	4.189	1.3784	9.182	3.532
2009	1.847	4.333	1.4053	9.044	3.744
2010	2.005	4.704	1.4188	10.085	3.987

A distribuição de frequências, tal como a estudamos, é considerada uma quinta modalidade de série estatística. Trata-se de uma série estatística específica, em que os dados estão dispostos em classes, com suas respectivas frequências absolutas (ver Tabela 2.14).

Tabela 2.14 – Quantidade de pessoas, por faixa etária, que têm plano de saúde em determinada localidade

Idade	N. de pessoas
0 ⊢—— 10	208
10 ⊢—— 20	431
20 ⊢—— 30	644
30 ⊢—— 40	955
40 ⊢—— 50	938
50 ⊢—— 60	745
60 ⊢—— 70	730
70 ⊢—— 80	433

Gráficos

A representação gráfica é um complemento da apresentação dos dados em forma de tabelas e permite uma rápida visualização do fato estudado. Todo gráfico, assim como as tabelas, tem na sua parte superior um título, e na parte inferior, a fonte que forneceu o gráfico ou os dados que permitiram sua construção.

A seguir, citamos os principais tipos de gráfico a serem utilizados na estatística, ou seja, gráfico de colunas, de barras, de setores, bem como histograma e polígono de frequências.

Gráfico de colunas

O gráfico de colunas é utilizado para as séries temporais, geográficas e específicas.

Como construí-lo? Primeiro, trace um par de eixos ortogonais (sistema de eixos cartesianos):

a) o eixo horizontal (eixo x) chama-se *eixo das abscissas* e sua escala cresce da esquerda para a direita, a partir da origem (interseção dos eixos horizontal e vertical);

b) o eixo vertical (eixo y) chama-se *eixo das ordenadas* e sua escala cresce de baixo para cima, a partir da origem.

Na sequência, apresente a variável que está sendo estudada no eixo das abscissas e a frequência no eixo das ordenadas; na sequência, atribua um título ao gráfico.

Exercício resolvido

1. Transforme a Tabela 2.10, apresentada nas séries estatísticas temporais, em um gráfico.

   Gráfico 2.1 – Número de veículos da marca X exportados no mês de janeiro, de 2006 a 2010

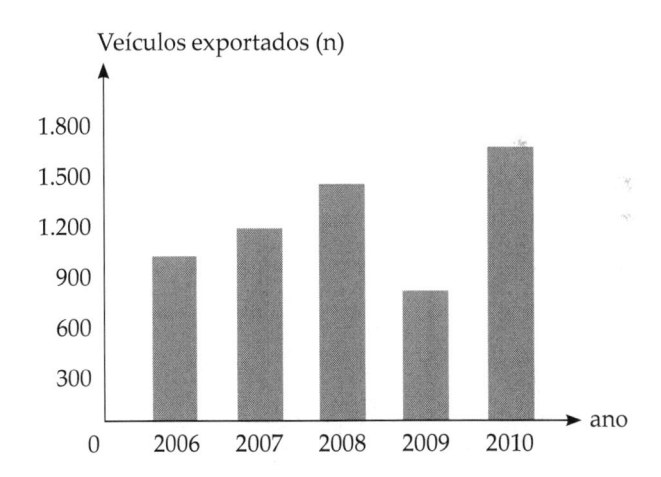

Gráfico de barras

É semelhante ao anterior, porém os retângulos são dispostos na horizontal. É também utilizado para as séries temporais, geográficas e específicas.

Exercício resolvido

1. Transforme a Tabela 2.11, apresentada nas séries estatísticas geográficas, em um gráfico

   Gráfico 2.2 – Estimativas populacionais do Brasil – grandes regiões

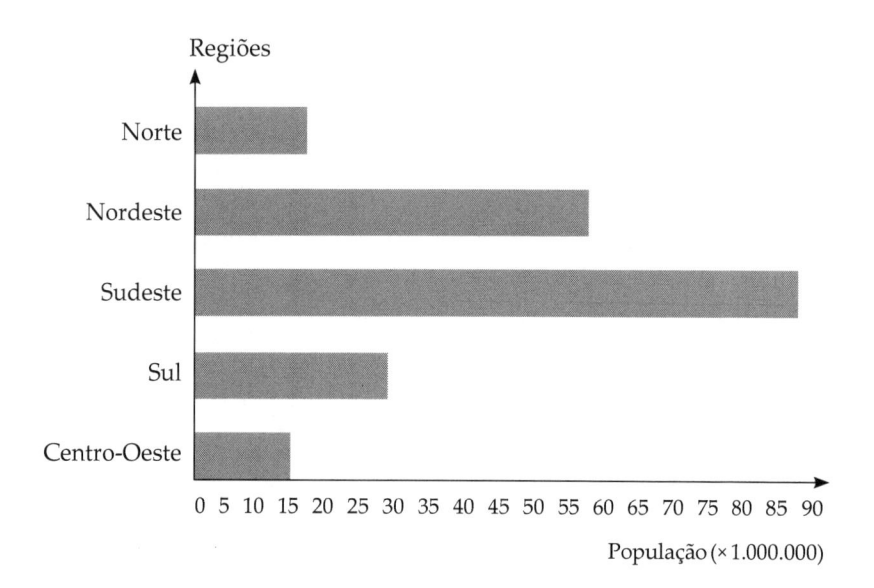

   Gráfico de setores

   O gráfico de setores é popularmente conhecido como *gráfico em forma de pizza*. A representação é feita com um círculo dividido em setores. É muito útil quando desejamos comparar cada valor da série estatística com o total.

   Como construí-lo? É só seguir os passos que detalhamos na sequência:

   a) trace uma circunferência (lembre-se que a área do círculo corresponde ao todo, ou seja, 100%);

   b) divida o círculo em setores, cujas áreas devem ser proporcionais aos valores da série estatística (essa divisão pode ser obtida pela solução de uma regra de três simples), ou seja:

   total ⟶ 360°

   parte ⟶ x°

c) preencha cada setor de modo diferente ou com cores diferentes;

d) atribua um título ao gráfico;

e) faça uma legenda para explicar os preenchimentos ou as cores utilizad a little less as.

Observe um exemplo no Gráfico 2.3.

Gráfico 3 – Exportações dos produtos A, B, C no mês de setembro de 2006

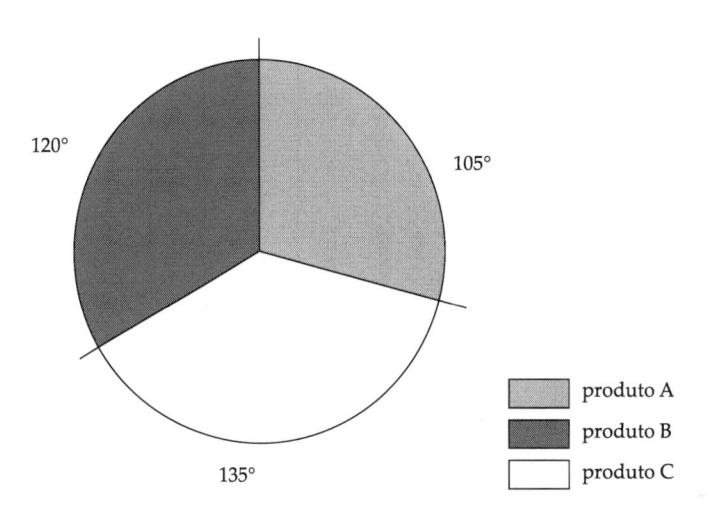

120°
105°
135°

- produto A
- produto B
- produto C

Histograma

O histograma é um gráfico formado por um conjunto de retângulos justapostos e é muito utilizado para representar a distribuição de frequências cujos dados foram agrupados em classes ou intervalos de mesma amplitude.

Como construí-lo? É só observar as seguintes etapas:

a) trace um par de eixos ortogonais (sistema de eixos cartesianos);

b) no eixo horizontal (eixo x), anote os valores individuais da variável em estudo, ou seja, os valores dos intervalos das classes;

c) no eixo vertical (eixo y), anote os valores dos números de observações, ou seja, as frequências das classes;

d) atribua um título ao gráfico.

Exercício resolvido

1. Transforme a Tabela 2.8, apresentada nas séries estatísticas de distribuição de frequências em um histograma.

   Gráfico 2.4 – Alturas dos alunos da turma A

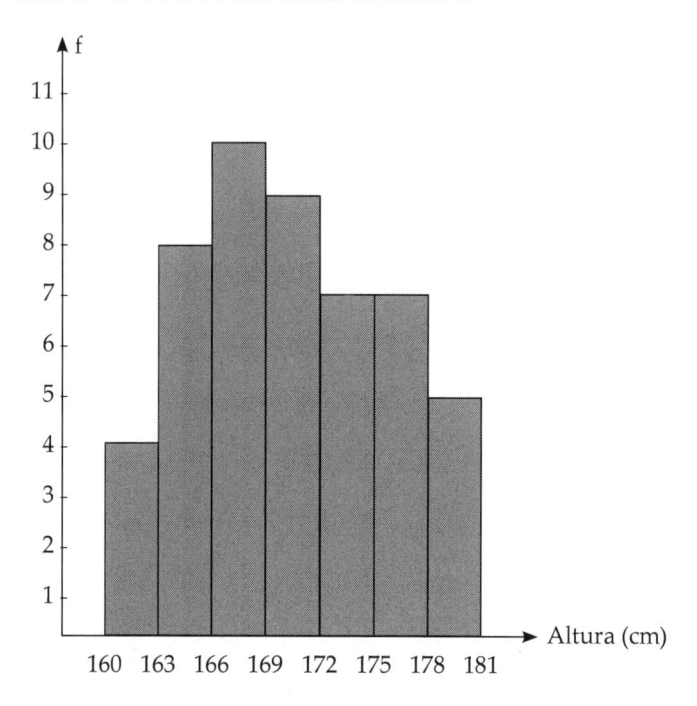

Polígono de frequências

O polígono de frequências é obtido unindo-se por segmentos de reta os pontos médios das bases superiores dos retângulos de um histograma. Como exemplo, transformaremos o Gráfico 2.4 em um polígono de frequências.

Gráfico 2.5 – Altura dos alunos da turma A

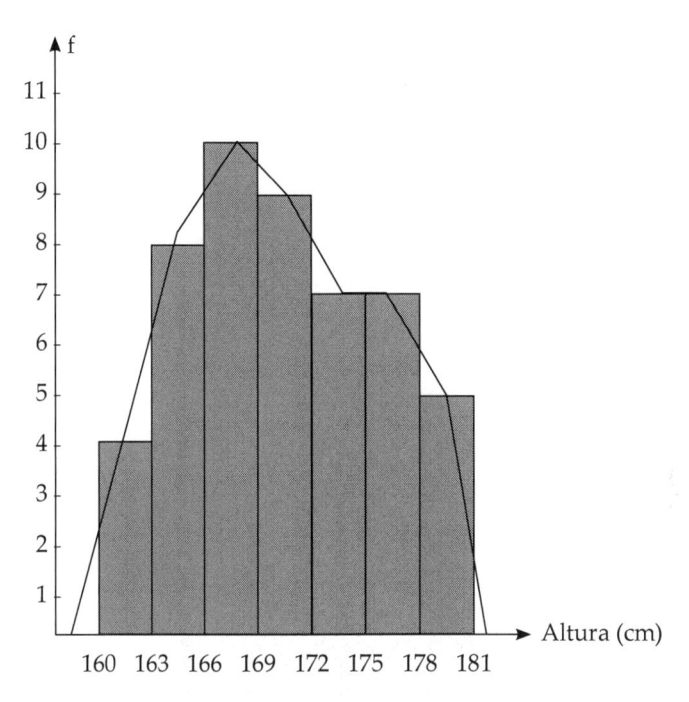

Síntese

Se pretendemos construir e identificar uma tabela estatística, precisamos sedimentar antes algumas concepções por meio do desenvolvimento de determinadas habilidades. No caso, precisamos conhecer fatores como dados brutos, rol e frequência para sermos capazes de realizar uma tabulação. Isso, por sua vez, requer conhecimentos de frequência acumulada (fa), habilidade na estruturação de tabelas, bem como na distribuição de frequências. Adicionalmente, para desenhar um gráfico e interpretá-lo, outras habilidades devem ser somadas àquelas, como identificar as séries estatísticas. Esse foi o processo que procuramos desenvolver neste capítulo.

Questões para revisão

1. Ao realizarmos um teste de Estatística em uma turma de 40 alunos, obtivemos os seguintes resultados (dados brutos):

   7 - 6 - 8 - 7 - 6 - 4 - 5 - 7 - 7 - 8 - 5 - 10 - 6 - 7 - 8 - 5 - 10 - 4 - 6 - 7 - 7 - 9 - 5 - 6 - 8 - 6 - 7 - 10 - 4 - 6 - 9 - 5 - 8 - 9 - 10 - 7 - 7 - 5 - 9 - 10.

   Qual resultado aconteceu com a maior frequência?

   ( ) 10   ( ) 6   ( ) 7

   ( ) 9   ( ) 5

   ( ) 8   ( ) 4

2. Observe a tabela a seguir.

Ano	Exportações (em US$ 1.000.000,00)
2006	204
2007	234
2008	652
2009	888
2010	1.205

   Fonte: Dados fictícios elaborados pelo autor.

   A série estatística representada é:

   a) Cronológica.

   b) Geográfica.

   c) Conjugada.

   d) Específica.

   e) Espacial.

3. Na distribuição de frequências a seguir, qual é a amplitude das classes ou intervalos?

Ano	Alunos (f)
20 ⊢——— 25	8
25 ⊢——— 30	8
30 ⊢——— 35	8
35 ⊢——— 40	8
40 ⊢——— 45	8
45 ⊢——— 50	8

Fonte: Dados fictícios elaborados pelo autor.

Assinale a resposta correta.

( ) 30   ( ) 8   ( ) 50   ( ) 5   ( ) 6

4. Observe o gráfico representado a seguir e indique de que tipo ele é.

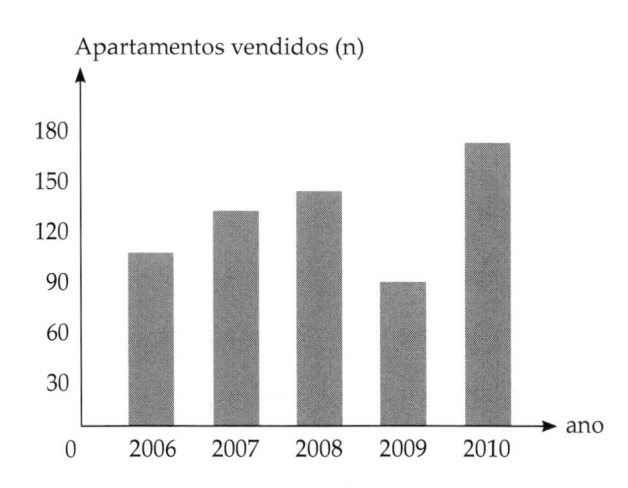

Apartamentos vendidos (n)

180
150
120
90
60
30
0   2006   2007   2008   2009   2010   ano

Nós vimos que os gráficos podem ser de setores, de barras, de colunas, em forma de histograma ou de polígono. Como você classifica este que foi aqui representado?

5. Descreva quais são as partes que constituem uma tabela.

capítulo 3

Distribuição de frequências

Conteúdos do capítulo

- Finalidade e operacionalidade da distribuição de frequências.
- Classificação e contextualização das variáveis qualitativas e quantitativas.
- Determinação do número de classes ou intervalos.

Após o estudo deste capítulo, você será capaz de:

1. identificar todas as partes constituintes de uma tabela representativa de uma distribuição de frequências;
2. interpretar os dados de uma tabela representativa de uma distribuição de frequências.

Distribuição de frequências

No capítulo anterior, estudamos séries estatísticas. Dos tipos estudados, a mais importante na estatística descritiva é a distribuição de frequências. Havíamos definido que:

> *Série estatística* é a denominação que se dá a uma tabela na qual há um critério distinto que a especifica e a diferencia.
>
> A distribuição de frequências é uma série estatística específica, em que os dados estão dispostos em classes, com suas respectivas frequências absolutas.

Antes de prosseguirmos, lembremos os conceitos de população e de amostra.

População

> População é o conjunto de elementos que desejamos observar para obter determinados dados.

A população pode conter um número conhecido de elementos e, nesse caso, a denominamos *população finita*. Por exemplo, podemos estar interessados em estudar o consumo individual de água em 40 residências de um condomínio fechado, portanto sabemos exatamente quantas são as residências a analisar.

No entanto, nem sempre é assim, a população pode conter um número desconhecido ou um número muito grande de elementos, caso este em que a denominamos *infinita*; podemos, por exemplo, estar interessados em saber a intenção de voto em determinado candidato à presidência da República – uma população infinita.

Amostra

> Amostra é o subconjunto de elementos retirados da população que estamos observando para obter determinados dados.

Variáveis

Podemos definir a variável como uma característica que observamos numa pesquisa e que pode assumir diferentes valores.

Por exemplo, se numa pesquisa estivermos interessados em anotar o sexo das pessoas que dela participam, podemos associar os valores masculino ou feminino à variável sexo.

Observamos que algumas variáveis descrevem qualidades (ou categorias, ou atributos) tais como sexo, escolaridade, *status* social, estado civil e tipo sanguíneo, entre outros. Tais variáveis são denominadas *qualitativas* e, normalmente, não podem ser expressas em valores numéricos.

As variáveis qualitativas podem ser classificadas em dois grupos: nominais e ordinais.

A **variável qualitativa nominal** permite somente a classificação dos dados, como é o caso da variável sexo e do ramo de atividade de uma empresa, entre outras.

A **variável qualitativa ordinal** permite que se estabeleça uma ordem nos seus resultados como, por exemplo, o grau de instrução ou o *status* (classe) social de um grupo de pessoas.

Observamos, entretanto, que algumas variáveis podem ser expressas por meio de valores numéricos, como número de filhos ou de dependentes, idade, peso (massa), altura, quantidade de sacas de milho colhidas por hectare, entre outros. Essas variáveis são ditas *quantitativas*.

> As variáveis quantitativas também podem ser classificadas em dois grupos: discretas e contínuas.

A **variável quantitativa discreta** permite relacionar todos os possíveis valores que ela pode assumir. Além disso, apresenta lacunas entre os valores que pode tomar para si, tais como número de peças defeituosas produzidas por determinada máquina ou o número de filhos dos empregados de determinada empresa.

A **variável quantitativa contínua**, por sua vez, pode assumir infinitos valores em um intervalo de números reais, de tal forma que não podemos previamente relacionar todos os possíveis resultados a encontrar na pesquisa. Como exemplo, podemos citar a altura (estatura) dos empregados de uma fábrica ou as diferentes temperaturas registradas ao longo de certo tempo em uma localidade.

Às vezes, podemos atribuir valores numéricos a determinada variável qualitativa e tratá-la como se fosse quantitativa. Quando isso é possível? Quando, a essa variável qualitativa, atribuirmos somente dois possíveis valores. No Capítulo 8, esclareceremos por que esses dois valores são denominados *sucesso* e *insucesso* (ou fracasso).

> Resumidamente, **variáveis quantitativas** são medições e contagens, e **variáveis qualitativas** descrevem pertinência ao grupo.
>
> Variáveis com poucos valores repetidos são chamadas *contínuas*. Variáveis com muitos valores repetidos são ditas *discretas*. (Wild; Seber, 2004).

Convém ressaltar que, caso a variável em estudo seja contínua, é conveniente agrupar os valores obtidos em classes ou intervalos.

Número de classes ou intervalos

Como determinar a quantidade de intervalos em uma distribuição de frequências?

Não há fórmula exata para isso. Entretanto, recomenda-se que o número mínimo de intervalos seja igual a 5, e o número máximo, igual a 20, o que facilita a construção da tabela e do respectivo gráfico, com um mínimo de precisão e de informação.

Como exemplo, considere que perguntamos a idade a um grupo de 100 pessoas e, ainda, que desejamos representar os resultados obtidos distribuídos em intervalos (ou classes). Os seguintes resultados foram obtidos e dispostos em forma de rol:

18 - 18 - 18 - 19 - 19 - 19 - 19 - 20 - 20 - 21 - 21 - 21 - 21 - 22 - 22 - 22 - 23 - 23 - 23 - 23 - 23 - 24 - 24 - 24 - 24 - 25 - 25 - 25 - 26 - 26 - 26 - 26 - 26 - 27 - 27 - 27 - 28 - 28 - 28 - 28 - 28 - 29 - 29 - 29 - 29 - 29 - 29 - 29 - 29 - 29 - 30 - 30 - 30 - 30 - 31 - 31 - 31 - 31 - 31 - 31 - 32 - 32 - 32 - 32 - 32 - 32 - 33 - 33 - 33 - 33 - 33 - 33 - 34 - 34 - 34 - 34 - 35 - 35 - 35 - 35 - 36 - 36 - 36 - 37 - 37 - 37 - 37 - 38 - 38 - 38 - 38 - 39 - 39 - 40 - 40 - 40 - 41 - 41 - 42 - 42.

Nesse caso, inicialmente elaboramos uma tabela de distribuição de frequências, considerando-se os valores individuais.

Tabela 3.1 – Distribuição das idades de um grupo de 100 pessoas

Idade	Frequência (f)
18	3
19	4
20	2
21	4
22	3
23	5
24	4
25	3
26	5
27	3
28	5
29	9
30	4
31	6
32	6
33	6
34	4
35	4
36	3
37	4
38	4
39	2
40	3
41	2
42	2

Na sequência, agrupamos esses resultados em intervalos (ou classes); para tal, devemos definir quantos intervalos queremos fazer, tomando o cuidado para que todos tenham o mesmo tamanho (ou amplitude). Podemos, por exemplo, optar por oito intervalos de amplitude igual a 3.

Você, certamente, está se perguntando como obtivemos esses valores. Observe que a idade maior é 42 anos e a menor é 18 anos. Logo, temos o intervalo de:

42 – 18 = 24   (essa é amplitude total, também denominada *range*)

24 : 8 = 3

Teremos, então, a Tabela 3.2.

Tabela 3.2 – Distribuição das idades em intervalos

Ano	Alunos (f)
18 ⊢——— 21	9
21 ⊢——— 24	12
24 ⊢——— 27	12
27 ⊢——— 30	17
30 ⊢——— 33	16
33 ⊢——— 36	14
36 ⊢——— 39	11
39 ⊢———⊣ 42	9

Na tabela, a representação ⊢———⊣ indica que tanto o 39 quanto o 42 pertencem a essa classe ou intervalo.

Para a utilização de uma fórmula que nos permita determinar a quantidade de intervalos, devemos tomar cuidado para que todos tenham a mesma amplitude (A). Já recomendamos que esse número esteja entre os valores 5 e 20. Já vimos também que A = Ls – Li.

Chamamos de i o número de classes ou intervalos. Então, a amplitude de cada classe é expressa por:

$$A = \frac{A_t}{i}$$

Caso essa divisão resulte em um valor não inteiro, convém fazer um arredondamento para o número inteiro mais próximo, sempre para um número maior que o resultado encontrado na divisão.

> Como sabemos, com o número de classes (i) e a amplitude de cada classe (A), podemos construir a tabela de distribuição de frequências.

Salientamos que o número de classes ou intervalos pode ser determinado por diversos métodos, entre os quais se destaca o método de Sturges, em que:

$i = 1 + 3{,}3 \cdot \log n$

sendo n o número total de observações, ou seja, a quantidade de dados que temos no rol.

Exercícios resolvidos

1. Quantas classes ou intervalos temos em uma pesquisa que resultou em 800 observações?

    Aplicando a fórmula do método de Sturges, temos que:

    $i = 1 + 3{,}3 \cdot \log 800$

    $i = 1 + 3{,}3 \cdot 2{,}9031$

    $i = 10{,}58023$

    RESPOSTA: Para 800 observações, devemos ter 11 classes ou intervalos de valores.

2. Quantas são as classes (ou intervalos) em uma pesquisa em que temos somente 40 observações?

    $i = 1 + 3{,}3 \cdot \log 40$

    $i = 1 + 3{,}3 \cdot 1{,}60206$

    $i = 6{,}2868$

    RESPOSTA: Temos sete classes (ou intervalos).

> Atenção: Na prática, costumamos usar o bom senso na hora de determinar essa quantidade e não utilizamos qualquer método ou regra que aplique uma fórmula.

3. As notas obtidas pelos alunos de uma classe, em um teste de Estatística, estão descritas a seguir em uma tabela de distribuição de frequências.

Tabela 3.3 – Notas obtidas em um teste de Estatística distribuídas em intervalos

Notas	Frequência (f)
0 ⊢——— 1	4
1 ⊢——— 2	5
2 ⊢——— 3	7
3 ⊢——— 4	8
4 ⊢——— 5	9
5 ⊢——— 6	14
6 ⊢——— 7	8
7 ⊢——— 8	6
8 ⊢——— 9	5
9 ⊢———⊣ 10	4
Σ	70

Determine:

a) a amplitude total

Para o cálculo da amplitude total, subtraímos o maior valor do menor dos resultados obtidos.

No caso: 10 – 0 = 10

b) a quantidade de classes ou intervalos

Basta contar quantos são os intervalos; no caso, 10.

c) a amplitude das classes ou intervalos

Subtraímos o limite superior de uma classe qualquer do seu limite inferior. Por exemplo, na quinta classe, 5 – 4 = 1; então, as classes têm amplitude igual a 1.

d) o limite superior da terceira classe

As classes são contadas de cima para baixo; logo, a terceira classe compreende as notas de 2 a 3; sendo que o limite superior dessa classe é o 3.

e) o limite inferior da quinta classe

O limite inferior é o 4, pois a quinta classe compreende as notas de 4 a 5.

f) o ponto médio da décima classe

A décima classe compreende os valores de 9 até 10; então, o ponto médio é

$$\frac{10+9}{2} = 9,5$$

g) a frequência da segunda classe

Basta consultar a tabela; a segunda classe tem frequência igual a 5.

h) a frequência acumulada até a quinta classe

Devemos somar as frequências das primeiras, segunda, terceira, quarta e quinta classes.

Assim, obtemos a frequência acumulada de:

$4 + 5 + 7 + 8 + 9 = 33$.

i) a frequência relativa da nona classe ou intervalo

$$fr = \frac{5}{70} = \frac{1}{14}$$

Síntese

Adentrando no estudo da estatística descritiva, exercitamos e conceituamos, neste capítulo, aspectos relativos à distribuição de frequências, em que trabalhamos com população e amostra. Nessa construção de conhecimentos, especificamos as características das variáveis envolvidas no processo, as quais podem ser quantitativas ou qualitativas. Estas últimas, por sua vez, ainda podem ser classificadas em ordinal e nominal, enquanto as primeiras (as quantitativas) são inseridas em dois grupos: discretas e contínuas. Como já dissemos, variáveis quantitativas são medições e contagens e as qualitativas são as usadas na descrição de aspectos de pertinência. Acrescentamos que, para elaborar uma distribuição de frequência, também é necessário conhecer ou determinar a quantidade de intervalos ou classes. Como o objetivo não é apenas você construir os conceitos, mas principalmente saber aplicá-los, traçamos todo esse panorama lançando mão de exercícios práticos.

Questões para revisão

1. Considere a seguinte a amostra:

   3 - 7 - 10 - 6 - 8 - 6 - 8 - 4 - 5 - 7 - 6 - 10 - 9 - 5 - 6 - 3

   Qual resultado acontece com a maior frequência?

   ( ) 4   ( ) 5   ( ) 6

   ( ) 7   ( ) 8

2. Observe a distribuição de frequências na tabela a seguir.

Idades	Frequência (f)
19 ⊢—— 21	8
21 ⊢—— 23	12
23 ⊢—— 25	15
25 ⊢—— 27	13
27 ⊢—— 29	7
29 ⊢—— 31	5

   Qual é a frequência acumulada total?

   ( ) 31   ( ) 55   ( ) 60

   ( ) 12   ( ) 20

   Analise a distribuição de frequências na tabela a seguir para responder às questões 3 a 5.

Idades	Frequência (f)
0 ⊢—— 2	2
2 ⊢—— 4	5
4 ⊢—— 6	18
6 ⊢—— 8	10
8 ⊢—— 10	5

3. Qual é o limite superior da quarta classe?

   ( ) 8   ( ) 6   ( ) 10

   ( ) 40   ( ) 4

4. Assinale a opção correta. Na distribuição de frequências da tabela, qual é a amplitude de cada classe ou intervalo?

   ( ) 10   ( ) 40   ( ) 2

   ( ) 1   ( ) 8

5. Marque a resposta correta. Na distribuição de frequências em questão, qual é o ponto médio da quinta classe ou intervalo?

   ( ) 40   ( ) 9   ( ) 8

   ( ) 5   ( ) 10

6. Observe o quadro a seguir e assinale V nas afirmações verdadeiras e F nas falsas.

Empregado	Variável 1 Estado civil	Variável 2 Dependentes (n.)	Variável 3 Altura (cm)	Variável 4 Naturalidade	Variável 5 Sexo
1	S	0	168	RJ	M
2	S	1	174	PR	M
3	C	4	170	SP	F
4	S	0	169	SP	M
5	C	3	178	SP	M
6	C	1	189	RJ	M
7	C	2	170	RS	F
8	S	0	174	SC	F
9	S	0	169	SP	F
10	C	3	177	PR	M

( ) As variáveis 1 e 4 são qualitativas nominais.

( ) As variáveis 4 e 5 são qualitativas ordinais.

( ) As variáveis 2 e 3 são quantitativas discretas.

( ) As variáveis 2 e 3 são quantitativas contínuas.

( ) As variáveis 1 e 5 são qualitativas nominais.

A sequência correta de preenchimento dos parênteses é:

a) V, F, F, V, V.

b) F, F, V, V, V.

c) V, F, F, F, V.

d) V, V, F, F, F.

e) V, F, V, F, V.

7. Qual é a diferença entre variável qualitativa e variável quantitativa?

8. O que é uma distribuição de frequência?

capítulo 4

Medidas de tendência central e de posição

Conteúdos do capítulo

- Como utilizar medidas de posição para resumir dados.
- A média aritmética simples para dados não agrupados.
- A média aritmética ponderada para dados agrupados.
- O valor que ocupa a posição central – mediana.
- Valor dos resultados por frequência – moda.

Após o estudo deste capítulo, você será capaz de:

1. realizar cálculos com as principais medidas de posição;
2. identificar em que situações as medidas de posição se aplicam.

Medidas de posição

Estudamos, nos capítulos anteriores, a sintetização dos dados resultantes de uma pesquisa sob a forma de tabelas, gráficos e de distribuição de frequências que nos permitiam descrever o padrão de variação de determinado fenômeno estatístico.

Agora, explicaremos como resumir ainda mais esses dados, apresentando um ou mais valores representativos da série estudada. São as chamadas *medidas de posição* (ou *medidas de tendência central*), uma vez que representam os fenômenos pelos seus valores médios, em torno dos quais tendem a concentrar-se os dados.

Tais medidas descrevem, de alguma forma, o meio (ou o centro) dos dados.

As medidas de posição (ou de tendência central) mais utilizadas são a média aritmética, a mediana e a moda. As menos utilizadas são a média geométrica, a média harmônica, a quadrática, a cúbica e a biquadrática. (Martins; Donaire, 1990; Freund, 2006).

Média aritmética simples

A média aritmética simples, ou simplesmente média, nada mais é que a soma dos resultados obtidos dividida pela quantidade de resultados.

Vamos estudar inicialmente a média aritmética para dados não agrupados.

Representamos a primeira observação por x_1, a segunda observação por x_2 (e assim por diante) e a média aritmética por $\overline{X}$.

Então, se tivermos n observações e desejarmos determinar o valor da média aritmética das mesmas, utilizaremos a fórmula:

$$\overline{X} = \frac{x_1 + x_2 + x_3 + x_4 + \ldots x_n}{n}$$

De forma geral, representamos a média aritmética de dados não agrupados por:

$$\overline{X} = \frac{\Sigma X_i}{n}, \text{ em que i varia de 1 até n}$$

ou simplesmente por:

$$\overline{X} = \frac{\Sigma X}{n}$$

Agora, vamos aplicar esses conceitos em atividades práticas para que você os fixe bem.

Exercícios resolvidos

1. Determine a média aritmética dos valores: 5, 8, 10, 12, 15.

   Verifique que, como são cinco valores, somaremos os cinco e os dividiremos por cinco.

   $$\overline{X} = \frac{\Sigma X}{n} = \frac{5 + 8 + 10 + 12 + 15}{5} = \frac{50}{5} = 10$$

   RESPOSTA: Portanto, a média aritmética é 10.

2. Em uma empresa de componentes eletrônicos, a exportação nos últimos quatro anos, em milhares de dólares, foi: 800, 880, 760 e 984. Determine a média de exportações dessa empresa nesses quatro anos.

Para calcularmos a média desses quatro valores, somamos os quatro e os dividimos por quatro.

$$\overline{X} = \frac{800 + 880 + 760 + 984}{4} = \frac{3\,424}{4} = 856$$

Resposta: A média de exportações da empresa nesses quatro anos foi de 856 milhares de dólares.

3. Oito alunos fizeram um teste e obtiveram os seguintes resultados:

   9 - 6 - 5 - 8 - 7 - 9 - 4 - 8

   Qual é a média desses resultados?

   $$\overline{X} = \frac{9+6+5+8+7+9+4+8}{8} = \frac{56}{8} = 7$$

   Resposta: A média dos resultados foi 7.

Média aritmética ponderada

Estudaremos agora a média aritmética para dados agrupados.

Quando os dados estão agrupados numa distribuição de frequências, usamos a média aritmética dos valores $x_1, x_2, x_3, ..., x_n$, ponderados pelas respectivas frequências absolutas $f_1, f_2, f_3, ..., f_n$. Isso significa que cada grandeza envolvida no cálculo da média tem diferente importância ou aconteceu um número diferente de vezes durante a coleta de dados.

Para isso, usamos a fórmula:

$$\overline{X} = \frac{\Sigma\,(X_i \cdot f_i)}{N}$$

em que i varia de 1 até n, sendo que $N = \Sigma\,f_i$.

Vamos, então, resolver alguns exercícios com dados agrupados, para você construir a compreensão de seu conhecimento sobre média aritmética ponderada.

Exercícios resolvidos

1. Calcule a média das idades representadas na distribuição de frequências da Tabela 4.1.

   Tabela 4.1 – Idades de um grupo de pessoas

Idade	Frequência (f)
4	4
5	6
6	6
7	4

   $$\overline{X} = \frac{4 \cdot 4 + 5 \cdot 6 + 6 \cdot 6 + 7 \cdot 4}{20} = \frac{16 + 30 + 36 + 28}{20} = \frac{110}{20} = 5,5$$

   Resposta: A média das idades desse grupo de pessoas é de 5,5 anos.

2. Calcule a média das idades representadas na distribuição de frequências da Tabela 4.2.

   Tabela 4.2 – Idades de um grupo de pessoas

Idades	Frequência (f)
18 ⊢—— 21	9
21 ⊢—— 24	12
24 ⊢—— 27	12
27 ⊢—— 30	17
30 ⊢—— 33	16
33 ⊢—— 36	14
36 ⊢—— 39	11
39 ⊢—⊣ 42	9

   Nesse caso, em que a variável estudada (idade) está representada em intervalos (ou classes), os valores de Xi na fórmula da média aritmética são representados pelos pontos médios (Pm_i) desses intervalos. Assim, temos:

$$\overline{X} = \frac{\Sigma (Pm_i \cdot f_i)}{N}$$

$$\overline{X} = \frac{19,5 \cdot 9 + 22,5 \cdot 12 + 25,5 \cdot 12 + 28,5 \cdot 17 + 31,5 \cdot 16 + 34,5 \cdot 14 + 37,5 \cdot 11 + 40,5 \cdot 9}{9 + 12 + 12 + 17 + 16 + 14 + 11 + 9}$$

$$\overline{X} = \frac{175,5 + 270 + 306 + 484,5 + 504 + 483 + 412,5 + 364,5}{100} = \frac{3\,000}{100} = 30$$

Resposta: A média das idades desse grupo de pessoas é de 30 anos.

3. Calcule a média da turma que realizou um teste de Estatística e obteve os resultados representados na Tabela 4.3.

Tabela 4.3 – Notas obtidas em um teste de estatística

Idades	Frequência (f)
0 ⊢— 1	4
1 ⊢— 2	5
2 ⊢— 3	7
3 ⊢— 4	8
4 ⊢— 5	9
5 ⊢— 6	14
6 ⊢— 7	8
7 ⊢— 8	6
8 ⊢— 9	5
9 ⊢—⊣ 10	4
Σ	70

Novamente os resultados da variável estudada estão representados em intervalos (ou classes); então, utilizaremos novamente os pontos médios dos intervalos, para determinar a média aritmética procurada.

$$\overline{X} = \frac{0,5 \cdot 4 + 1,5 \cdot 5 + 2,5 \cdot 7 + 3,5 \cdot 8 + 4,5 \cdot 9 + 5,5 \cdot 14 + 6,5 \cdot 8 + 7,5 \cdot 6 + 8,5 \cdot 5 + 9,5 \cdot 4}{4 + 5 + 7 + 8 + 9 + 14 + 8 + 6 + 5 + 4}$$

$$\overline{X} = \frac{2 + 7,5 + 17,5 + 28 + 40,5 + 77 + 52 + 45 + 42,5 + 38}{70} = \frac{350}{70} = 5$$

Resposta: Esse grupo de Estatística obteve a média 5.

4. A emissão de CO_2 no Brasil, em consequência dos transportes, aumenta em torno de 5,6% ao ano. A emissão de CO_2 de 2013 a 2017 está detalhada na tabela a seguir.

Tabela 4.4 – Emissão de CO_2 no Brasil, de 2013 a 2017

Ano	Emissão CO_2 (milhões de toneladas)
2013	209,0
2014	220,5
2015	233,0
2016	246,0
2017	261,5

Com base nesses valores, qual foi a média anual de emissão de CO_2 durante esses cinco anos?

$$\overline{X} = \frac{209,0 + 220,5 + 233,0 + 246,0 + 261,5}{5} = \frac{1\,170,0}{5} = 234,0$$

Resposta: Foram emitidos, na média, 234 milhões de toneladas de CO_2 por ano.

> É comum representar-se por $\overline{X}$ a média aritmética de uma amostra, e por μ*, a média aritmética de uma população. Nesta obra, por simplificação, utilizaremos para os dois casos a representação $\overline{X}$.

Mediana

A mediana de um conjunto de dados é o valor que ocupa a posição central, desde que estejam colocados em ordem crescente ou decrescente, ou seja, em um rol.

Representaremos a mediana de uma amostra ou de uma população por Md.

---

* μ é a letra grega minúscula que lemos "mu" e que corresponde à letra *m* do nosso alfabeto.

É necessário, entretanto, observar que a quantidade de dados pode ser par ou ímpar. Sendo ímpar, o valor da mediana é o valor que está no centro da série; sendo par, a mediana será a média aritmética dos dois valores que estão no centro da série.

Vamos analisar alguns exemplos para o caso da variável discreta.

Desejamos calcular a mediana dos seguintes dados:

5 - 8 - 4 - 6 - 7 - 3 - 4

O primeiro passo é colocá-los em ordem crescente:

3 - 4 - 4 - 5 - 6 - 7 - 8

O segundo passo é verificar se a quantidade de dados é par ou ímpar. Nesse caso, é ímpar; então, a mediana é o valor central da série, ou seja:

Md = 5

Agora, vamos calcular a mediana dos dados a seguir.

8 - 0 - 7 - 4 - 7 - 10 - 6 - 5

Colocando os dados em ordem crescente, temos:

0 - 4 - 5 - 6 - 7 - 7 - 8 - 10

Como agora a quantidade de dados é par, a mediana é a média aritmética dos dois valores centrais da série, ou seja:

$$Md = \frac{6+7}{2} = 6{,}5$$

Vamos analisar outra situação. Em uma pesquisa em que desejamos conhecer a altura dos 50 alunos de uma classe, os resultados obtidos nas medições, em centímetros, e colocados em ordem crescente foram representados na Tabela 4.5.

Tabela 4.5 – Altura dos alunos de uma classe

Altura (cm)	Frequência (f)	Frequência acumulada (fa)
160	2	2
161	1	3
162	1	4
163	1	5
164	2	7
165	5	12
166	2	14
167	4	18
168	4	22
169	1	23
170	7	30
171	1	31
172	2	33
173	1	34
174	4	38
175	2	40
176	2	42
177	3	45
178	3	48
179	1	49
180	1	50
Σ	50	

Como calcular a altura mediana desses alunos?

O primeiro passo é determinar se n é par ou ímpar. No caso, n = 50, ou seja, é par. Então, a mediana será obtida por meio dos dois elementos centrais da série.

O segundo passo é identificar, por intermédio da frequência acumulada, onde se encontram esses dois elementos, ou seja, o 25º e o 26º elementos. Olhando para a tabela anterior, você verifica que tanto o 25º quanto o 26º elementos têm 170 centímetros. Então, a mediana é:

$$Md = \frac{170 + 170}{2} = 170$$

Observe que pode acontecer de, em 50 alunos, nenhum ter determinada altura (por exemplo, 168 cm). Nesse caso, f = 0 e os cálculos são efetuados como no caso anterior.

E como fazer esse cálculo quando a variável pesquisada é contínua e os dados são agrupados em classes (ou intervalos)? Vejamos, no exemplo seguinte, a tabela anterior representada em sete classes (ou intervalos).

Tabela 4.6 – Altura dos alunos de uma classe

Altura (cm)	Frequência (f)	Frequência acumulada (fa)
160 ⊢── 163	4	4
163 ⊢── 166	8	12
166 ⊢── 169	10	22
169 ⊢── 172	9	31
172 ⊢── 175	7	38
175 ⊢── 178	7	45
178 ⊢── 181	5	50
Σ	50	

O primeiro passo consiste em determinar o valor de n/2. Como a variável é contínua, não se preocupe se n é um número par ou ímpar. No caso, como n = 50, n/2 é igual a 25.

O segundo passo é identificar em que classe (ou intervalo) está contida a mediana. Observando-se a tabela anterior, verificamos que o elemento de ordem 25 encontra-se no quarto intervalo (cujos valores estão compreendidos entre 169 e 172 centímetros).

O passo seguinte é o cálculo da mediana, utilizando-se a fórmula:

$$Md = Li + \frac{(n/2 - \Sigma f_{ant})}{f_{Md}} \cdot A$$

em que:

    Li = limite inferior da classe que contém a mediana

    n = tamanho da amostra ou da população que estamos pesquisando

    Sf_{ant} = soma das frequências anteriores à classe que contém a mediana

A = amplitude da classe que contém a mediana

f_{Md} = frequência da classe que contém a mediana

Vamos, então, ao cálculo da mediana.

$$Md = 169 + \frac{(25-22)}{9} \cdot 3 = 169 + \frac{9}{9} = 170$$

Exercício resolvido

1. Calcule a idade mediana de um grupo de 100 pessoas considerando os resultados de distribuição de frequências dispostos na Tabela 4.7, a seguir.

Tabela 4.7 – Idades de um grupo de pessoas

Idades	Frequência (f)	Frequência acumulada (fa)
18 ⊢——— 21	9	9
21 ⊢——— 24	12	21
24 ⊢——— 27	12	33
27 ⊢——— 30	17	50
30 ⊢——— 33	16	66
33 ⊢——— 36	14	80
36 ⊢——— 39	11	91
39 ⊢———⊣ 42	9	100
Σ	100	

Nesse caso, o primeiro passo é determinar n/2 = 100/2 = 50.

O segundo passo é verificar a classe em que se encontra o 50º elemento da série. No caso, está na quarta classe, cujas idades vão de 27 a 30 anos. Não se preocupe se o intervalo é aberto ou fechado.

O terceiro passo é utilizar a fórmula para o cálculo da mediana.

$$Md = Li + \frac{(n/2 - \Sigma f_{ant}) \cdot A}{f_{Md}}$$

$$Md = 27 + \frac{(50-33) \cdot 3}{17} = 27 + \frac{51}{17} = \frac{459 + 51}{17} = \frac{510}{17} = 30$$

Moda

Como é possível perceber, andando na rua, que uma roupa está na moda?

Isso ocorre quando muitas pessoas são vistas com aquela roupa. Em outras palavras, é uma roupa que aparece com muita frequência.

Evidentemente, esse é um exemplo bem simplista.

> Na estatística, moda é o valor dos resultados de uma pesquisa que acontece com a maior frequência, o qual é representado por Mo.

Nas distribuições sem o agrupamento em intervalos (ou classes), a simples observação da coluna das frequências nos permite saber qual é o elemento da série que apresenta a maior frequência e que, portanto, é o valor que está na moda, chamado *valor modal*.

Assim, para a distribuição

X_i	f_i
5	3
6	5
7	11
8	10
9	5

a moda é o 7, ou Mo = 7.

Para os dados agrupados em intervalos (ou classes), a determinação do valor modal também é simples, porém mais trabalhoso; trata-se de um processo semelhante ao utilizado para o cálculo da mediana.

Na realidade, existe mais de um método para a determinação da moda. O mais simples e, consequentemente, mais impreciso, é considerar como moda o ponto médio da classe que contém a moda, também denominada de *classe modal*; esse valor chama-se *moda bruta*.

Podemos, ainda, determinar a moda mediante o uso de fórmulas ou de gráficos. Para tal, temos os método de King e de Czuber*. Aqui, utilizaremos o primeiro.

---

* Emanuel Czuber, nascido em Praga (1851-1925).

Determinemos a moda da distribuição de frequências representada na Tabela 4.8.

Tabela 4.8 – Idades de um grupo de pessoas

Idade	Frequência (f)	Frequência acumulada (fa)
18 ⊢—— 21	9	9
21 ⊢—— 24	12	21
24 ⊢—— 27	12	33
27 ⊢—— 30	17	50
30 ⊢—— 33	16	66
33 ⊢—— 36	14	80
36 ⊢—— 39	11	91
39 ⊢—— 42	9	100
Σ	100	

O primeiro passo consiste em identificar em que classe se encontra a moda, ou seja, qual é a classe modal. No caso, é a quarta classe (idades de 27 a 30 anos), pois é a que apresenta a maior frequência de ocorrência (f = 17).

O segundo passo é a determinação do valor da moda por meio da fórmula:

$$Mo = Li + \frac{f_{post} \cdot A}{f_{ant} + f_{post}}$$

em que:

Li = limite inferior da classe que contém a moda

f_{post} = frequência da classe posterior à classe que contém a moda

f_{ant} = frequência da classe anterior à classe que contém a moda

A = amplitude da classe que contém a moda

Vamos, agora, substituir os elementos dessa fórmula pelos valores do nosso problema; assim, temos:

$$Mo = 27 + \frac{16 \cdot 3}{12 + 16} = 27 + \frac{48}{28} = 28{,}7143$$

> Sendo conhecidas a média aritmética e a mediana de uma série, é possível obter o valor da moda pela aplicação da fórmula de Pearson*, em que:
>
> $Mo = 3 \cdot Md - 2 \cdot \overline{X}$

Essa fórmula nos dá o valor aproximado da moda e só deve ser utilizada quando a distribuição apresenta razoável simetria em relação à média.

Vamos, agora, determinar a moda da distribuição de frequências representada na Tabela 4.9.

Tabela 4.9 – Altura de um grupo de pessoas

Altura (cm)	Frequência (f)	Frequência acumulada (fa)
160 ⊢——— 163	4	4
163 ⊢——— 166	8	12
166 ⊢——— 169	10	22
169 ⊢——— 172	9	31
172 ⊢——— 175	7	38
175 ⊢——— 178	7	45
178 ⊢——— 181	5	50
Σ	50	

O primeiro passo é a constatação, visual, da classe que contém a moda. No caso, a classe modal é a terceira, cuja frequência de ocorrência é igual a 10. Então:

$$Mo = 166 + \frac{9 \cdot 3}{8 + 9} = 166 + 1{,}588 = 167{,}588$$

> Uma série pode apresentar mais de uma moda. A plurimodalidade pode ocorrer em função de: dados pertencentes a populações diferentes; insuficiência de dados para análise; quantidade inadequada de classes (ou intervalos).

---

* Karl Pearson (1857-1936), nascido em Londres foi um grande contribuidor para o desenvolvimento da Estatística como uma disciplina científica séria e independente.

Síntese

A significativa importância das medidas de posição está no fato de permitirem reduzir as variáveis de uma série estudada a um ou mais valores. Isso é possível, pois elas nos permitem estabelecer os valores médios. Para realizar tal processo, precisamos trabalhar com a média aritmética simples, no caso de dados não agrupados, e com a média aritmética ponderada, quando utilizamos dados agrupados. Outros conceitos e cálculos que precisamos dominar no processo estatístico são os de mediana e de moda, razão pela qual utilizamos vários exemplos para facilitar sua compreensão dos cálculos e usos desses saberes.

Questões para revisão

1. Determine a média aritmética dos valores a seguir.

    9 - 6 - 5 - 4 - 8 - 9 - 10 - 4 - 7 - 8 - 5 - 6 - 10

2. Em uma pesquisa realizada em uma empresa quanto aos salários médios de seus funcionários, verificou-se o seguinte resultado:

Salários (R$)	Frequência (f)
240,00 ⊢——— 480,00	15
480,00 ⊢——— 720,00	22
720,00 ⊢——— 960,00	30
960,00 ⊢———1.200,00	18
1.200,00 ⊢——— 1.440,00	15

    Com base nesses resultados, determine o salário médio desses funcionários.

3. Determine a mediana dos valores a seguir.

    9 - 6 - 5 - 4 - 8 - 9 - 10 - 4 - 7 - 8 - 5 - 6 - 10.

4. Assinale a resposta correta, após determinar, pela fórmula, a mediana da distribuição apresentada na atividade.

   ( ) R$ 960,00   ( ) R$ 840,00

   ( ) R$ 720,00   ( ) R$ 828,00

   ( ) R$ 824,00

5. Marque a opção correspondente, após determinar, pela fórmula, a moda da distribuição apresentada no exercício 2.

   ( ) R$ 960,00   ( ) R$ 840,00

   ( ) R$ 720,00   ( ) R$ 828,00

   ( ) R$ 824,00

6. As exportações de determinado porto brasileiro registraram o seguinte movimento, em bilhões de reais, mês a mês, durante um ano:

Mês	R$ (bilhões)
Janeiro	3,0
Fevereiro	2,4
Março	2,8
Abril	3,1
Maio	2,7
Junho	3,2
Julho	2,6
Agosto	2,5
Setembro	3,4
Outubro	3,4
Novembro	3,3
Dezembro	3,6
Σ	36,0

   Qual foi a média mensal de exportações, em bilhões de reais?

7. O comércio varejista de calçados registrou as seguintes encomendas, em milhares de pares, em determinada indústria calçadista ao longo de um semestre:

Mês	Pares encomendados (milhares)
1º	48
2º	60
3º	42
4º	50
5º	64
6º	66
Σ	330

Qual é a média mensal de encomendas, em milhares de pares de calçados?

8. O Departamento de Marketing e Propaganda de uma multinacional investiu, durante um ano, os seguintes valores em campanhas publicitárias, em milhares de reais:

Mês	R$ (milhares)
Janeiro	20
Fevereiro	12
Março	8
Abril	24
Maio	0
Junho	16
Julho	18
Agosto	20
Setembro	12
Outubro	15
Novembro	13
Dezembro	22
Σ	180

Qual foi a média mensal de investimento, em milhares de reais? Assinale a alternativa correta.

( ) 18   ( ) 12   ( ) 20

( ) 15   ( ) 17

9. Determinada máquina produziu durante oito dias as seguintes quantidades de peças (em unidades):

Dia	Peças (unidades)
1º	140
2º	136
3º	142
4º	128
5º	154
6º	140
7º	158
8º	170
Σ	1.168

Qual é a média diária de produção dessa máquina?

10. Uma secretária fez uma pesquisa de preço para a aquisição de uma impressora da marca X e obteve os seguintes valores, em reais:

Loja	Valor (R$)
A	484,00
B	399,00
C	505,00
D	383,00
E	429,00
Σ	2.200,00

Qual o preço médio do item pesquisado?

11. Para que servem as medidas de posição?

12. Descreva a diferença entre média aritmética simples e média aritmética ponderada.

capítulo 5

Medidas de dispersão

Conteúdos do capítulo

- Conceito e uso das medidas de dispersão.
- Fenômenos de amplitude total, amplitude semi-interquartílica, desvio médio, variância, desvio padrão e momentos.

Após o estudo deste capítulo, você será capaz de:

1. realizar cálculos com as principais medidas de dispersão;
2. identificar as medidas de dispersão.

Medidas de dispersão

As medidas de dispersão (ou de afastamento) são medidas estatísticas utilizadas para verificar o quanto os valores encontrados em uma pesquisa estão dispersos ou afastados em relação à média ou à mediana.

São medidas que servem para verificar com que confiança as medidas de tendência central resumem as informações fornecidas pelos dados obtidos em uma pesquisa.

Imaginemos, por exemplo, duas pessoas que tenham se submetido a um teste. Suponhamos duas situações diferentes:

a) as duas pessoas tiraram nota igual a 6,0;

b) as duas pessoas tiraram, respectivamente, nota 2,0 e nota 10,0.

Nos dois casos, as duas pessoas obtiveram média igual a 6,0. No entanto, no caso *a* elas se concentraram sobre a média e no caso *b* dispersaram-se (afastaram-se) da média.

Isso significa que a média é muito mais representativa no caso *a* do que no caso *b*. Mostra, também, que no caso *a* existe uma homogeneidade nos conhecimentos adquiridos pelas pessoas, enquanto no caso *b* existe uma heterogeneidade.

Para avaliarmos o grau de variabilidade (ou dispersão, ou afastamento) dos valores de um conjunto de números, utilizamos as medidas de dispersão absoluta, que nos permitem obter um conhecimento mais completo e detalhado do fenômeno em questão. São elas:

a) amplitude total ou intervalo total;

b) amplitude semi-interquartílica, ou intervalo semi-interquartílico, ou desvio quartil;

c) desvio médio;

d) variância;

e) desvio padrão;

f) momentos;

g) coeficiente de variação de Pearson.

Amplitude total (ou intervalo total)

A amplitude total (ou intervalo total) é a diferença entre o maior e o menor valor de uma série de dados. Por exemplo, no conjunto de números 4, 6, 8, 9, 12, 17, 20, a amplitude total é A = 20 − 4 = 16.

Para dados agrupados em classes (ou intervalos), o cálculo da amplitude total pode ser feito de duas formas:

a) pelo **ponto médio das classes**; nesse caso, a amplitude total é igual ao ponto médio da última classe, menos o ponto médio da primeira classe;

b) pelos **limites das classes**; nesse caso, a amplitude total é igual ao limite superior da última classe, menos o limite inferior da primeira classe.

Por exemplo, veja a distribuição de frequências representada na Tabela 5.1.

Tabela 5.1 – Idade de um grupo de pessoas

Idade	Frequência (f)
18 ⊢—— 21	9
21 ⊢—— 24	12
24 ⊢—— 27	12
27 ⊢—— 30	17
30 ⊢—— 33	16
33 ⊢—— 36	14
36 ⊢—— 39	11
39 ⊢—— 42	9

A amplitude total é:

a) pelo ponto médio das classes,

$$A = 40{,}5 - 19{,}5 = 21$$

b) pelos limites das classes,

$$A = 42 - 18 = 24$$

A amplitude total (ou intervalo total), embora seja a medida de dispersão mais simples, apresenta algumas restrições quanto a seu uso, porque é muito instável. Essa instabilidade ocorre porque a amplitude total leva em consideração apenas os valores extremos da série, não sendo afetada pela dispersão de seus valores internos.

Amplitude semi-interquartílica

Antes de explicarmos o que é *amplitude semi-interquartílica*, é necessário esclarecer que há medidas de posição semelhantes – em sua concepção – à mediana, apesar de não serem medidas de tendência central. São elas os quartis, os decis e os percentis.

Os **quartis** permitem dividir a distribuição em quatro partes iguais, ou seja, com o mesmo número de elementos. Os **decis**, por sua vez, dividem a distribuição em dez partes iguais, e os **percentis**, em cem partes iguais. Com relação aos quartis, representamos a seguir um conjunto de dados em que seus elementos foram divididos em quatro partes iguais:

```
0%    25%   50%   75%   100%
|------+-----+-----+------|
       Q₁    Q₂    Q₃
```

em que:

Q_1 = primeiro quartil (Q1 é a mediana de todos os valores inferiores à mediana do conjunto de dados)

Q_2 = segundo quartil (coincide com a mediana)

Q_3 = terceiro quartil (Q3 é a mediana de todos os valores superiores à mediana do conjunto de dados)

Para o cálculo de Q_1, Q_2 e Q_3, usamos as seguintes fórmulas:

$$Q_1 = Li + \frac{(n/4 - \Sigma f_{ant}) \cdot A}{f_{Q_1}}$$

$$Q_2 = Li + \frac{(n/2 - \Sigma f_{ant}) \cdot A}{f_{Q_2}}$$

$$Q_3 = Li + \frac{(3n/4 - \Sigma f_{ant}) \cdot A}{f_{Q_3}}$$

A amplitude semi-interquartílica, também denominada *intervalo semi-interquartílico* ou *desvio quartil*, é utilizada para verificar a dispersão em relação à mediana. Seu cálculo leva em consideração o primeiro e o terceiro quartis e é efetuado pela fórmula:

$$D_q = \frac{Q_3 - Q_1}{2}$$

em que:

D_q = desvio quartil

Q_3 = terceiro quartil

Q_1 = primeiro quartil

É importante observarmos que no desvio quartil, no intervalo definido pelos limites $(Md - D_q)$ e $(Md + D_q)$, encontram-se 50% dos elementos, aproximadamente. Se a distribuição for simétrica, essa porcentagem será exata.

Outra grande importância do desvio quartil é o fato de ser uma medida que não é afetada pelos valores extremos da série, sendo, portanto, útil quando esses valores extremos não forem representativos.

Como exemplo de aplicação, suponhamos que uma turma de alunos fez um teste de Estatística e um teste de Matemática, nos quais obteve os seguintes resultados:

a) Estatística: $Md = 6$, $Q_1 = 4,5$, $Q_3 = 7,5$

b) Matemática: $Md = 6$, $Q_1 = 3$, $Q_3 = 7,5$

Observamos que nos dois testes a mediana foi igual a 6,0. No entanto, as notas de Estatística apresentam uma dispersão menor que as notas de Matemática.

Quanto aos decis, representamos, a seguir, um conjunto de dados em que seus elementos foram divididos em dez partes iguais.

```
0%   10%  20%  30%  40%  50%  60%  70%  80%  90%  100%
|----+----+----+----+----+----+----+----+----+----|
     D₁   D₂   D₃   D₄   D₅   D₆   D₇   D₈   D₉
```

em que:

D_1 = primeiro decil
D_2 = segundo decil
⋮
D_9 = nono decil

Finalmente, quanto aos percentis, representamos a seguir um conjunto de dados em que seus elementos foram divididos em 100 partes iguais.

```
0%   1%   2%   3%         97%  98%  99%  100%
|----+----+----+--- ... ---+----+----+----|
     P₁   P₂   P₃         P₉₇  P₉₈  P₉₉
```

em que:

p_1 = primeiro percentil
p_2 = segundo percentil
p_3 = terceiro percentil
⋮
p_{98} = nonagésimo oitavo percentil
p_{99} = nonagésimo nono percentil

De acordo com Lapponi (1997), após dispor a série de n observações em ordem crescente de valores, definimos como 0% a posição da observação de ordem 1 e como 100% a posição da observação de ordem n.

Gráfico 5.1 – Ordenamento de uma série de n observações

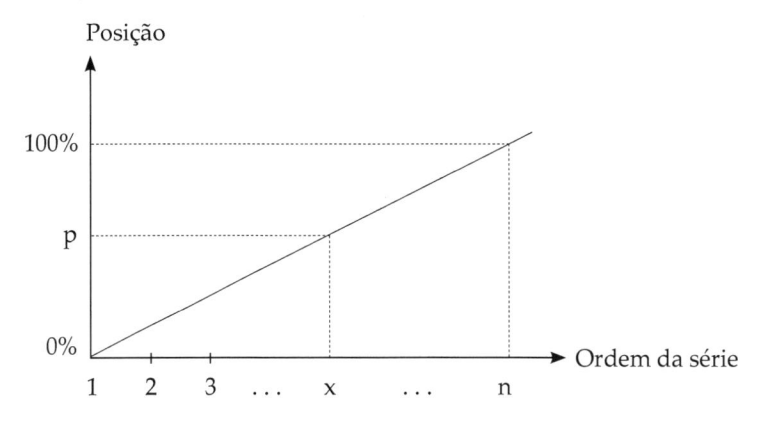

[Gráfico: eixo vertical "Posição" de 0% a 100%, eixo horizontal "Ordem da série" com pontos 1, 2, 3, ..., x, ..., n; reta crescente passando por (1, 0%) a (n, 100%), com indicação de p correspondente a x]

Como calcular o percentil correspondente ao valor de ordem x?

Esse cálculo é efetuado a partir da expressão:

$$p = \frac{x-1}{n-1} \cdot 100\%$$

em que:

n = número total de observações da série
x = ordem de uma determinada observação
p = percentil (em percentual) da observação

Exercício resolvido

1. Considere uma série de 20 observações registradas no quadro a seguir:

8	27	18	22	24	10	11	9	17	16
29	26	20	13	28	30	12	21	15	25

Calcule:

a) o valor do percentil cuja ordem é x = 1.

Vamos colocar essa série ordenada de forma crescente e associar a cada valor da série um número de ordem de 1 a 20.

Observação da série	8	9	10	11	12	13	15	16	17	18
Número de ordem	1	2	3	4	5	6	7	8	9	10

Observação da série	20	21	22	24	25	26	27	28	29	30
Número de ordem	11	12	13	14	15	16	17	18	19	20

$$p = \frac{1-1}{20-1} \cdot 100\% = 0\%$$

b) E qual o valor do percentil cuja ordem é x = 8?

$$p = \frac{8-1}{20-1} \cdot 100\% = \frac{7}{19} \cdot 100\% = 36,8\%$$

Respostas:) O percentual da ordem x = 1 é 0%; b) O percentual da ordem x = 8 é 36,8%.

Desvio médio

Quando desejamos analisar a dispersão (ou afastamento) dos valores de uma série em relação à média, é conveniente analisar a dispersão de cada um dos valores, sem exceção. Assim, identificaremos *desvio médio* como Dm e o calcularemos pela fórmula:

$$Dm = \frac{\Sigma(|X_i - \overline{X}| \cdot f_i)}{N}$$

em que $|X_i - \overline{X}|$ é o módulo de cada desvio em relação à média; i varia de 1 até n; e N é igual a Σf.

> Estamos trabalhando com o módulo do desvio porque, de acordo com a propriedade de média aritmética, a soma de todos os desvios em relação à média é sempre igual a zero. Trabalhando com o módulo (que é sempre positivo), eliminamos esse problema.

Pela fórmula acima, deduzimos que o desvio médio nada mais é do que a média aritmética dos desvios dos valores em relação à média, considerados em valor absoluto.

Como exemplo de aplicação, calculemos o desvio médio do seguinte conjunto de números:

4, 6, 8, 9, 10, 11

Inicialmente, devemos calcular a média aritmética dos valores dados:

$$\overline{X} = \frac{4+6+8+9+10+11}{6}$$

$\overline{X} = 8$

Temos, então:

X_i	$X_i - \overline{X}$	$\mid X_i - \overline{X} \mid$
4	4 − 8 = − 4	4
6	6 − 8 = − 2	2
8	8 − 8 = 0	0
9	9 − 8 = 1	1
10	10 − 8 = 2	2
11	11 − 8 = 3	3
Σ	0	12

Portanto, o desvio médio é:

$$Dm = \frac{12}{6}$$

$Dm = 2$

Observe que, nesse exemplo, todos os valores ocorreram uma única vez. Por isso, em todos eles a frequência f foi considerada igual a 1.

Para dados agrupados em classes ou intervalos, substitui-se X_i, na fórmula, pelo ponto médio de cada classe.

Vamos, agora, calcular o desvio médio da distribuição de frequências da Tabela 5.1.

O primeiro passo consiste em calcular a média das idades. Observe que tal média já foi calculada na página 55, quando verificamos que $\overline{X} = 30$. Vamos, então, verificar o quanto cada idade está afastada da média ($X_i - \overline{X}$).

O segundo passo é montar uma tabela com cálculo do desvio de cada idade em relação à média encontrada. Não se deve esquecer que, para o cálculo do desvio médio, é necessário multiplicar o módulo de cada desvio encontrado pela respectiva frequência (f_i).

Tabela 5.2 – Desvio médio de cada idade em relação à média

Idade	Frequência (f)	$X_i - \overline{X}$	$\mid X_i - \overline{X} \mid \cdot f_i$
18 ⊢——— 21	9	19,5 – 30 = – 10,5	10,5 · 9 = 94,5
21 ⊢——— 24	12	22,5 – 30 = – 7,5	7,5 · 12 = 90
24 ⊢——— 27	12	25,5 – 30 = – 4,5	4,5 · 12 = 54
27 ⊢——— 30	17	28,5 – 30 = – 1,5	1,5 · 17 = 25,5
30 ⊢——— 33	16	31,5 – 30 = + 1,5	1,5 · 16 = 24
33 ⊢——— 36	14	34,5 – 30 = + 4,5	4,5 · 14 = 63
36 ⊢——— 39	11	37,5 – 30 = + 7,5	7,5 · 11 = 82,5
39 ⊢———⊣ 42	9	40,5 – 30 = + 10,5	10,5 · 9 = 94,5
Σ	100		528

O desvio médio dessa distribuição de frequências é igual a:

$$Dm = \frac{\Sigma(\mid X_i - \overline{X} \mid \cdot f_i)}{N} = \frac{528}{100} = 5{,}28$$

Variância (S^2)

Já vimos que a soma dos desvios em relação à média é sempre igual a zero. Por isso, consideramos os valores de $X_i - X$ em módulo. Outra forma de evitarmos que esse fato interfira nos cálculos é considerar cada desvio elevado ao quadrado, pois sabemos que o quadrado de qualquer número real é sempre positivo.

À média aritmética dos quadrados dos desvios damos o nome *variância*.

Sua fórmula, quando se trata de população, é:

$$S^2 = \frac{\Sigma[(X_i - \overline{X})^2 \cdot f_i]}{N}$$

Para o cálculo da variância de uma amostra, o denominador dessa fórmula deverá ser N – 1, ou seja:

$$S^2 = \frac{\Sigma[(X_i - \overline{X})^2 \cdot f_i]}{N-1}$$

Por que (N – 1)?

Caso tomássemos muitas amostras de uma população que tem média µ e calculássemos as médias amostrais X de todas essas amostras, verificaríamos que a média dessas médias amostrais ficaria muito próxima a µ.

Entretanto, se calculássemos a variância dessas amostras pela fórmula

$$S^2 = \frac{\Sigma[(X_i - \overline{X})^2 \cdot f_i]}{N}$$

e, então, determinássemos a média dessas variáveis, verificaríamos que essa média é menor que a variância da população. Teoricamente, podemos compensar isso dividindo a fórmula de S^2 por N – 1, quando se tratar de uma amostra (Freund, 2006).

Verifica-se, segundo Toledo e Ovalle (1995), entretanto, que para valores grandes de N (N > 30) não há grande diferença entre os resultados proporcionados pela utilização de qualquer dos dois divisores, N ou N – 1.

Desvio padrão (S)

O cálculo da variância é, na verdade, um passo intermediário para o cálculo do que denominamos *desvio padrão*.

Para o cálculo do desvio padrão, precisamos extrair a raiz quadrada da variância para compensar o fato de termos elevado ao quadrado os desvios em relação à média.

O desvio padrão é a medida de dispersão mais utilizada na prática, considerando, tal qual o desvio médio, os desvios em relação à média. Nós o representamos por S.

Para que o desvio padrão tenha um significado quantitativo, vamos adiantar conceitos que não fariam parte do presente capítulo, mas que você pode estudar quando achar necessário.

Para um conjunto de dados obtidos por amostragem, de uma população a que denominamos *normal*, verificamos que, quando a amostra é suficientemente grande, o intervalo compreendido entre os valores $(\overline{X} - S)$ e $(\overline{X} + S)$ inclui aproximadamente 68,26% dos resultados obtidos na pesquisa e o intervalo compreendido entre $(\overline{X} - 2 \cdot S)$ e $(\overline{X} + 2 \cdot S)$ inclui aproximadamente 95,44% desses resultados. Se considerarmos o intervalo compreendido entre $(\overline{X} - 3 \cdot S)$ e $(\overline{X} + 3 \cdot S)$, temos cerca de 99,74% dos resultados, ou seja, quase a totalidade das observações efetuadas.

Caso façamos o histograma correspondente, constataremos que ele se aproxima de uma curva denominada *curva de Gauss*, ou *curva em forma de sino*, ou, ainda, *curva normal*.

Para o cálculo do desvio padrão de uma população, usamos a fórmula:

$$S = \sqrt{\frac{\Sigma\left[(X_i - \overline{X})^2 \cdot f_i\right]}{N}}$$

A fórmula para o cálculo do desvio padrão da amostra é, portanto:

$$S = \sqrt{\frac{\Sigma\left[(X_i - \overline{X})^2 \cdot f_i\right]}{N-1}}$$

Lembre que $\sqrt{S^2} = S$

Já estudamos algumas medidas de dispersão ou de afastamento e verificamos que a variância e o desvio padrão são as mais utilizadas na prática. Suas duas medidas indicam a regularidade de um conjunto de dados que foram obtidas em uma pesquisa, em função da média aritmética desses dados.

Duas importantes propriedades da variância devem ser observadas:

a) quando multiplicamos todos os valores de uma variável por uma constante, a variância fica multiplicada pelo quadrado dessa constante;

b) quando somamos, ou subtraímos, uma constante a todos os valores de uma variável, a variância não se altera.

Coeficiente de variação (CV)

Até este ponto, trabalhamos com as medidas absolutas de dispersão ou de afastamento. Vamos, agora, estudar uma medida de dispersão que é uma medida relativa: o coeficiente de variação – aqui representado por CV.

Vamos definir CV como o quociente entre o desvio padrão e a média, sendo frequentemente expresso em porcentagem.

Para o caso de uma amostra, temos a fórmula:

$$CV(X) = \frac{S}{\overline{X}} \cdot 100$$

Para uma população, temos a fórmula:

$$CV(X) = \frac{\sigma}{\mu} \cdot 100$$

Com o coeficiente de variação, podemos analisar a dispersão dos dados em termos relativos ao seu valor médio, o que evita erros de interpretação. Por quê? Porque quando a dispersão é pequena, ela pode ser, na realidade, muito significativa se comparada com a ordem de grandeza dos valores da variável em análise. Observemos que o CV é adimensional, o que nos permite comparar dispersões de variáveis que têm medidas irredutíveis.

Empiricamente, podemos dizer que há baixa dispersão quando o CV é menor que 15% e que há dispersão alta quando o CV é maior ou igual a 30%. Nesse intervalo de 15% a 30%, dizemos que há dispersão média.

Observe que o CV não é útil quando a média se aproxima de zero.

Exercícios resolvidos

1. Oito empregados de uma siderúrgica que exercem a mesma função têm os seguintes salários: R$ 2.800,00; R$ 2.650,00; R$ 2.920,00; R$ 2.800,00; R$ 2.878,00; R$ 2.682,00; R$ 2.700,00; R$ 2.570,00. Qual seria o padrão desses salários, considerando-os como uma população?

$$\overline{X} = \frac{2\,800 + 2\,650 + 2\,920 + 2\,800 + 2\,878 + 2\,682 + 2\,700 + 2\,570}{8} = 2\,750$$

$S^2 =$

$$= \frac{(2.800-2.750)^2+(2.650-2.750)^2+(2.920-2.750)^2+(2.800-2.750)^2+(2.878-2.750)^2+(2.682-2.750)^2+(2.700-2.750)^2+(2.570-2.750)^2}{8}$$

$$S^2 = \frac{2\,500 + 10\,000 + 28\,900 + 2\,500 + 16\,384 + 4\,624 + 2\,500 + 32\,400}{8}$$

$S^2 = 12\,476$

Observe que a frequência foi considerada sempre igual a 1.

Então:

$S = \sqrt{12\,476}$

$S = 111{,}70$

Resposta: o padrão desses salários seria 111,70.

2. Considerando-se que a Tabela 5.3 é uma amostra das idades de um grupo de pessoas, determine o desvio padrão da distribuição.

Sabemos que:

$$S = \sqrt{\frac{\Sigma\left[(X_i - \overline{X})^2 \cdot f_i\right]}{N-1}}$$

Sabemos, também, que $\overline{X} = 30$.

Tabela 5.3 – Quadrado do desvio médio de cada idade em relação à média

Idade	Frequência (f_i)	$\mid X_i - \overline{X} \mid$	$(\mid X_i - \overline{X} \mid)^2 \cdot f_i$
18 ⊢—— 21	9	19,5 – 30 = 10,5	$10{,}5^2 \cdot 9 = 992{,}25$
21 ⊢—— 24	12	22,5 – 30 = 4,5	$7{,}5^2 \cdot 12 = 675$
24 ⊢—— 27	12	25,5 – 30 = 7,5	$4{,}5^2 \cdot 12 = 243$
27 ⊢—— 30	17	28,5 – 30 = 1,5	$1{,}5^2 \cdot 17 = 38{,}25$
30 ⊢—— 33	16	31,5 – 30 = 1,5	$1{,}5^2 \cdot 16 = 36$
33 ⊢—— 36	14	34,5 – 30 = 4,5	$4{,}5^2 \cdot 14 = 283{,}5$
36 ⊢—— 39	11	37,5 – 30 = 7,5	$7{,}5^2 \cdot 11 = 618{,}75$
39 ⊢——⊣ 42	9	40,5 – 30 = 10,5	$10{,}5^2 \cdot 9 = 992{,}25$
Σ	100		3 879

Então, de acordo com os valores obtidos na Tabela 5.3, o desvio padrão procurado é:

$$S = \sqrt{\frac{3879}{99}}$$

Resposta: $S = 6{,}26$

3. Dada a tabela a seguir, em que constam as medidas obtidas em uma população quanto aos seus salários recebidos (em quantidade de salários mínimos), determine o desvio padrão da distribuição.

Tabela 5.4 – Salários de uma população observada

Salários mínimos	n. de pessoas (f)	$\mid X_i - \overline{X} \mid$	$\mid X_i - \overline{X} \mid^2 \cdot f_i$
1 ⊢——— 3	15	6,5	633,75
3 ⊢——— 5	12	4,5	243
5 ⊢——— 7	20	2,5	125
7 ⊢——— 9	23	0,5	5,75
9 ⊢———11	28	1,5	63
11 ⊢——— 13	19	3,5	232,75
13 ⊢———⊣15	19	5,5	574,75
Σ	136		1 878

$$\overline{X} = \frac{15 \cdot 2 + 12 \cdot 4 + 20 \cdot 6 + 23 \cdot 8 + 28 \cdot 10 + 19 \cdot 12 + 19 \cdot 14}{136}$$

$$\overline{X} = \frac{1\,156}{136}$$

$\overline{X} = 8{,}5$

$$S^2 = \frac{1878}{136} \therefore S^2 = 13{,}8088$$

Resposta: $S = \sqrt{8{,}5} \therefore S = 3{,}716$ salários mínimos

4. O chefe de departamento de determinada empresa do setor público quer comparar a produtividade de quatro de seus funcionários, durante as quatro semanas de um mês. Para tanto, anotou em uma tabela a quantos processos cada um dos funcionários dá andamento, semana a semana. Foram obtidos os seguintes dados:

Funcionários	Processos atendidos			
	Semana 1	Semana 2	Semana 3	Semana 4
A	16	15	22	15
B	16	15	19	14
C	20	18	18	20
D	18	19	15	20

Determine a produção média e o desvio padrão apresentado por cada um desses funcionários.

$$\overline{X}_A = \frac{68}{4} = 17$$

$$\overline{X}_B = \frac{64}{4} = 16$$

$$\overline{X}_C = \frac{76}{4} = 19$$

$$\overline{X}_D = \frac{72}{4} = 18$$

Sabemos, então, a produção semanal média de cada funcionário. No entanto, observemos que há momentos em que determinado funcionário está distante de sua média semanal. O Funcionário A, por exemplo, apresenta média igual a 17 e, na terceira semana, atendeu a 22 processos.

Para melhorarmos nossa análise, vamos agora calcular as medidas de dispersão: variância e desvio padrão.

A variância nos mostra o quanto os valores estão afastados da média. Temos os seguintes valores para os quatro funcionários:

$$S_A^2 = \frac{(16-17)^2 + (15-17)^2 + (22-17)^2 + (15-17)^2}{4} = 8,5$$

$$S_B^2 = \frac{(16-16)^2 + (15-16)^2 + (19-16)^2 + (14-16)^2}{4} = 3,5$$

$$S_C^2 = \frac{(20-19)^2 + (18-19)^2 + (18-19)^2 + (20-19)^2}{4} = 1,0$$

$$S_D^2 = \frac{(18-18)^2 + (19-18)^2 + (15-18)^2 + (20-18)^2}{4} = 3,5$$

Utilizamos o denominador 4, pois consideramos todos os valores dos quatro funcionários, ou seja, fizemos o cálculo da variância populacional.

Os resultados das variâncias apontam que a produtividade do funcionário C é mais uniforme se comparada com à dos demais funcionários.

O funcionário A, ao contrário, é o menos uniforme. Isso se dá porque, quanto menor for a variância, mais perto da média estarão os valores e vice-versa.

Observamos que, quando temos valores muito distantes da média, a variância é muito afetada. Para minimizar esse problema, fazemos o cálculo do desvio padrão desses dados. Temos os seguintes valores para o desvio padrão dos 4 funcionários:

$S_A = \sqrt{8,5} = 2,92$

$S_B = \sqrt{3,5} = 1,87$

$S_C = \sqrt{1,0} = 1,00$

$S_D = \sqrt{3,5} = 1,87$

Em termos práticos, esses valores do desvio padrão indicam qual é o erro caso desejássemos substituir um dos valores coletados pelo valor da respectiva média.

Resposta: A média semanal de processos produzidos pelo funcionário A é de 17 ± 2,92; pelo funcionário B, 16 ± 1,87; pelo funcionário C, 19 ± 1,00; e pelo funcionário D, 18 ± 1,87.

Momentos

O que são momentos? Imaginemos uma variável X que pode assumir diferentes valores $X_1, X_2, X_3, \ldots, X_n$. Definimos **momento de ordem t** de um conjunto de dados como:

$$M_t = \frac{\Sigma X_i^t}{n}$$

e definimos **momento de ordem t** centrado em relação a uma constante como:

$$M_t^a = \frac{(X_i - a)^t}{n}$$

O **momento centrado em relação à média**, que designaremos simplesmente por **momento centrado**, é dado por:

$$m_t = \frac{\Sigma(X_i - \overline{X})^t}{n}$$

O valor médio dos dados ($\overline{X}$) é o momento de ordem 1, enquanto o momento centrado na média de ordem 2 é a variância (S^2).

Síntese

Quando falamos que medidas de dispersão são aquelas que servem para verificar o quanto os valores encontrados em uma pesquisa estão dispersos em relação ao foco central, estamos definindo sua aplicabilidade, sem dúvida; no entanto, não podemos deixar de enfatizar o que isso representa, ou seja, é o padrão que nos permite estabelecer o grau de confiança de uma pesquisa. Nessa avaliação do grau de variabilidade do fenômeno estudado, encontramos como ferramentas de medição a amplitude total, a amplitude semi-interquartílica, o desvio médio, a variância e o desvio padrão.

Questões para revisão

1. Dado o conjunto de números 8, 4, 6, 9, 10, 5, determine o desvio médio desses valores em relação à média e assinale nas opções (abaixo) o resultado.

2. Determine a variância do conjunto de números da questão 1, supondo que esses valores correspondam a uma amostra, e marque a alternativa correta.

   ( ) 28   ( ) 7   ( ) 5,6

   ( ) 2,3664   ( ) 2,8

3. Determine o desvio padrão do conjunto de números da questão 1, supondo que esses valores correspondam a uma amostra, e assinale a alternativa correta.

   ( ) 28   ( ) 7   ( ) 5,6

   ( ) 2,3664   ( ) 2,8

4. Qual a amplitude total dos dados da questão 1?

   ( ) 42   ( ) 6   ( ) 4

   ( ) 3   ( ) 10

5. Determine a amplitude semi-interquartílica de uma distribuição de frequências cuja média foi 6, a mediana foi 6,5, o primeiro quartil foi 4,5 e o terceiro quartil foi 8,5. Assinale a alternativa correta.

   ( ) 2   ( ) 4,5   ( ) 2,5

   ( ) 6,5   ( ) 6

6. A tabela a seguir é o resultado de uma pesquisa realizada entre os funcionários de uma empresa de exportação e importação de produtos eletrônicos, com o objetivo de verificar os salários nesse segmento de mercado. Determine o desvio médio desses salários em relação à média. Calcule considerando duas casas após a vírgula.

Salários mínimos (n.)	Funcionários
1 ⊢—— 2	1
2 ⊢—— 3	4
3 ⊢—— 4	6
4 ⊢—— 5	5
5 ⊢—— 6	6
6 ⊢—— 7	10
7 ⊢—— 8	9
8 ⊢—— 9	6
9 ⊢——⊣ 10	3
Σ	50

7. Determine a variância do conjunto de valores da questão 6, supondo que estes correspondem à população total. Calcule com duas casas após a vírgula.

8. Determine o desvio padrão do conjunto de valores da questão 6, supondo que estes correspondem à população total. Calcule com duas casas após a vírgula.

9. Para que são utilizadas as medidas de dispersão na estatística?

10. Quais são os tipos de medidas de dispersão?

11. A taxa de desocupação no Brasil, segundo o IBGE, apresentou os seguintes valores nos anos de 2012 a 2017:

	2012	2013	2014	2015	2016	2017
nov-dez-jan		7,2	6,4	6,8	9,5	12,6
dez-jan-fev		7,7	6,8	7,4	10,2	13,2
jan-fev-mar	7,9	8,0	7,2	7,9	10,9	13,7
fev-mar-abr	7,8	7,8	7,1	8,0	11,2	13,6
mar-abr-maio	7,6	7,6	7,0	8,1	11,2	13,3
abr-maio-jun	7,5	7,4	6,8	8,3	11,3	13,0
maio-jun-jul	7,4	7,3	6,9	8,6	11,6	12,8
jun-jul-ago	7,3	7,1	6,9	8,7	11,8	12,6
jul-ago-set	7,1	6,9	6,8	8,9	11,8	12,4
ago-set-out	6,9	6,7	6,6	8,9	11,8	12,2
set-out-nov	6,8	6,5	6,5	9,0	11,9	12,0
out-nov-dez	6,9	6,2	6,5	9,0	12,0	

Fonte: IBGE, Pesquisa Nacional por Amostra de Domicílios Contínua.

Utilizando o trimestre dez-jan-fev como base de cálculo, determine o desvio padrão do conjunto de valores fornecidos.

Importante: utilize nos cálculos 4 casas após a vírgula e considere esses dados uma amostra.

( ) 2,6529   ( ) 5,4600   ( ) 7,453

( ) 29,8120   ( ) 1,4530

capítulo 6

Medidas de assimetria e medidas de curtose

Conteúdos do capítulo

- Medidas de assimetria.
- Medidas de curtose.

Após o estudo deste capítulo, você será capaz de:
1. realizar cálculos com as principais medidas de assimetria;
2. realizar cálculos com as principais medidas de curtose.

Medidas de assimetria

A média corresponde ao centro de gravidade dos dados; a variância e o desvio padrão medem a variabilidade; mas a distribuição dos pontos sobre um eixo ainda tem outras características, que podem ser medidas – uma delas é a assimetria (Vieira, 1999).

As **medidas de assimetria**, também denominadas *medidas de enviesamento*, indicam o grau de deformação de uma curva de frequências.

Uma distribuição de frequências ideal seria aquela em que a curva resultante fosse rigorosamente simétrica, o que dificilmente acontece na prática. Nesse caso, a média, a mediana e a moda seriam iguais.

Também os quartis Q_1 e Q_3, nesse caso, ficariam equidistantes da mediana. Entretanto, se a distribuição de frequências for assimétrica, esses fatos não ocorrem.

A assimetria da curva correspondente a uma distribuição assimétrica pode apresentar uma deformidade à direita ou à esquerda. No caso de a deformidade ser à direita, a curva é dita *assimétrica positiva* ou *desviada à direita*; no caso de a deformidade ser à esquerda, a curva é dita *assimétrica negativa* ou *desviada à esquerda*.

Não é comum encontrar a assimetria negativa e não é fácil identificar suas possíveis causas (Toledo; Ovalle, 1995).

A seguir, mostramos, nos Gráficos 6.1, 6.2 e 6.3, respectivamente, um exemplo de distribuição simétrica, um de distribuição assimétrica negativa e um de distribuição assimétrica positiva.

Gráfico 6.1 – Distribuição simétrica

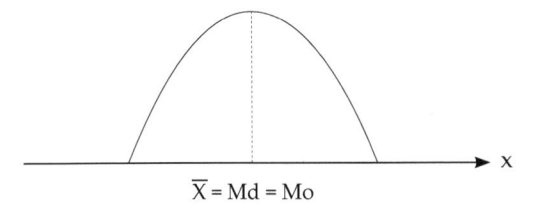

$\overline{X}$ = Md = Mo

Gráfico 6.2 – Distribuição assimétrica negativa

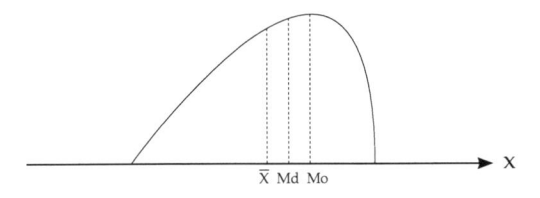

$\overline{X}$ Md Mo

Gráfico 6.3 – Distribuição assimétrica positiva

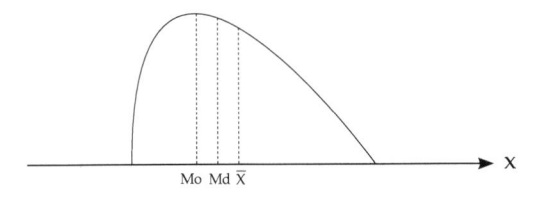

Mo Md $\overline{X}$

Observe que, em uma distribuição assimétrica negativa, $\overline{X}$ < Md < Mo e, em uma distribuição assimétrica positiva, $\overline{X}$ > Md > Mo. Na distribuição simétrica, essas três medidas são iguais.

Para determinarmos o grau de assimetria de uma distribuição de frequências, são propostas várias fórmulas que nos permitem calcular o coeficiente de assimetria. Entre elas, estudaremos o coeficiente sugerido por Karl Pearson.

Pearson definiu o **primeiro coeficiente de assimetria** pela fórmula:

$$As = \frac{\overline{X} - Mo}{S}$$

Como vimos no Capítulo 4,

$Mo = 3 \cdot Md - 2 \cdot \overline{X}$

Então, podemos assumir que (multiplicando toda a igualdade por – 1):

– Mo = – 3 · Md + 2 · $\overline{X}$

E somando X nos dois lados da igualdade, teremos:

X – Mo = – 3 · Md + 2 · $\overline{X}$ + $\overline{X}$

Então:

$\overline{X}$ – Mo = – 3 · Md + 3 · $\overline{X}$

ou

$\overline{X}$ – Mo = 3 · ($\overline{X}$ – Md)

Substituindo essa última expressão na fórmula de As, teremos:

$$As = \frac{3 \cdot (\overline{X} - Md)}{S}$$

Essa fórmula foi definida como o **segundo coeficiente de assimetria** de Pearson.

Quando As é igual a zero, diz-se que a distribuição de frequências é simétrica; caso As seja positivo, a distribuição é assimétrica positiva ou à direita; caso As seja negativo, a distribuição é assimétrica negativa ou à esquerda.

Examinaremos alguns exemplos para entender melhor esse assunto.

Aprendemos a calcular os dois coeficientes de assimetria de Pearson. Esses coeficientes só serão iguais quando a distribuição for perfeitamente simétrica.

Na teoria, o segundo coeficiente de Pearson pode variar de –3 a +3. Na prática, entretanto, não costuma ultrapassar os limites de –1 e +1.

Coeficiente do momento de assimetria

Sendo m_2 e m_3 os momentos de segunda e de terceira ordem centrados na média, definimos o coeficiente momento de assimetria como:

$$AS_m = \frac{m_3}{S^3}$$

Esse coeficiente indica o grau de desvio do eixo de simetria de uma distribuição.

Exercícios resolvidos

1. Numa distribuição de frequências que apresentou média igual a 6, mediana igual a 6 e desvio padrão igual a 1, determine o coeficiente de assimetria.

   Como não conhecemos a moda, vamos utilizar a fórmula do segundo coeficiente de assimetria de Pearson.

   $$As = \frac{3 \cdot (\overline{X} - Md)}{S}$$

   $$As = \frac{3 \cdot (6 - 6)}{1}$$

   $$As = 0$$

   Resposta: Deduzimos, do resultado de As, que a distribuição é simétrica.

2. Considerando uma distribuição de frequências que apresenta média igual a 88, mediana igual a 82 e desvio padrão igual a 40; determine o coeficiente de assimetria.

   Novamente utilizaremos o segundo coeficiente de assimetria de Pearson.

   $$As = \frac{3 \cdot (\overline{X} - Md)}{S}$$

   $$As = \frac{3 \cdot (88 - 82)}{40}$$

   $$As = \frac{18}{40}$$

   $$As = 0{,}45$$

   Resposta: O coeficiente de assimetria dessa distribuição é 0,45.

3. Determine o coeficiente de assimetria para uma distribuição que apresentou moda igual a 15, média igual a 13 e desvio padrão igual a 5.

Como não conhecemos a mediana, utilizaremos o primeiro coeficiente de assimetria de Pearson.

$$As = \frac{\overline{X} - Mo}{S}$$

$$As = \frac{13 - 15}{5}$$

$$As = -0{,}40$$

Resposta: Portanto, o coeficiente de assimetria da distribuição é 0,40.

Na impossibilidade de usar o desvio padrão como medida de dispersão, Pearson sugeriu outra medida de assimetria, o **coeficiente quartil de assimetria**, determinado pela fórmula:

$$As = \frac{Q_1 + Q_3 - 2 \cdot Md}{Q_3 - Q_1}$$

Medidas de curtose

Diante de um conjunto de dados e do objetivo de efetuar uma análise criteriosa deles, precisamos considerar algumas características importantes para tomar alguma decisão. Entre elas, destacamos as medidas de posição, as medidas de dispersão e as medidas de assimetria. Entretanto, temos ainda outra ferramenta: as medidas de curtose.

A **curtose** é o grau de achatamento ou de afilamento de uma distribuição de frequências, ou seja, do histograma correspondente. É a medida que faltava para completarmos o quadro das estatísticas descritivas. A curtose indica o quanto uma distribuição de frequências é mais achatada ou mais afilada do que uma curva padrão, a qual é denominada *curva normal*.

Um exemplo disso é o caso em que os dados apresentam a mesma média e a mesma amplitude total.

Representamos três conjuntos nas Tabelas 6.1, 6.2 e 6.3. Observe que, nos três casos, estamos diante de distribuições simétricas.

Tabela 6.1 – Conjunto de dados resultantes da pesquisa A

Dados	Frequência
1	1
2	3
3	5
4	7
5	9
6	7
7	5
8	3
9	1

Tabela 6.2 – Conjunto de dados resultantes da pesquisa B

Dados	Frequência
1	1
2	3
3	9
4	15
5	18
6	15
7	9
8	3
9	1

Tabela 6.3 – Conjunto de dados resultantes da pesquisa C

Dados	Frequência
1	1
2	3
3	4
4	5
5	5
6	5
7	4
8	3
9	1

Qual é a diferença entre essas três tabelas? Na Tabela 6.1, os dados estão uniformemente distribuídos; na Tabela 6.2, os dados concentram-se em torno da média; na Tabela 6.3, os dados têm aproximadamente a mesma frequência. Como ficariam as curvas correspondentes (histogramas) às Tabelas 6.1, 6.2 e 6.3, respectivamente?

Gráfico 6.4 – Histograma correspondente à Tabela 6.1

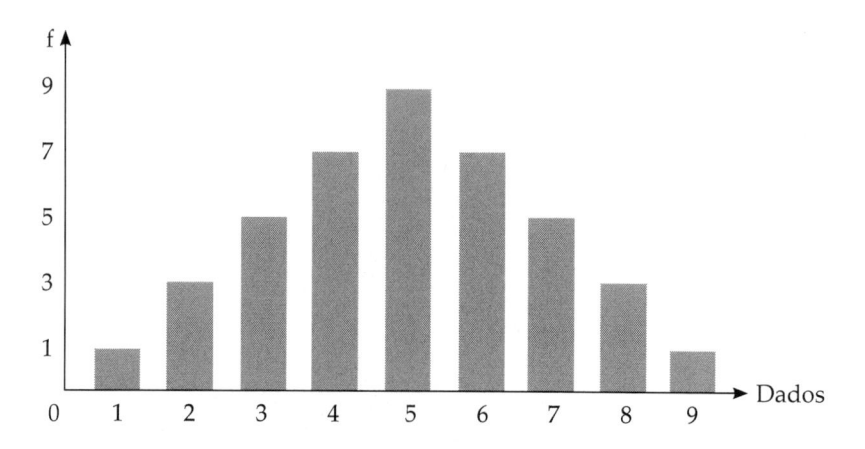

Gráfico 6.5 – Histograma correspondente à Tabela 6.2

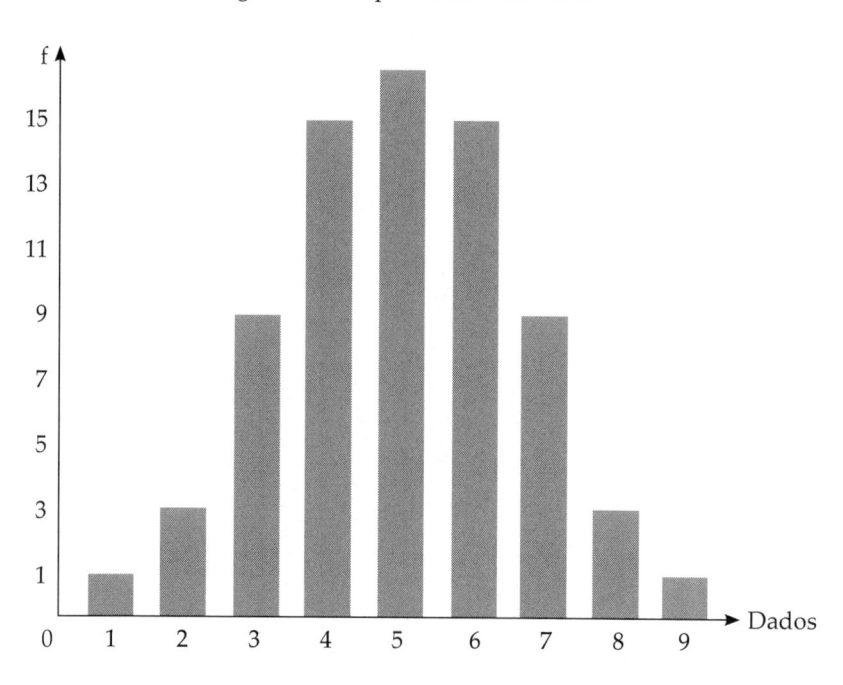

Gráfico 6.6 – Histograma correspondente à Tabela 6.3

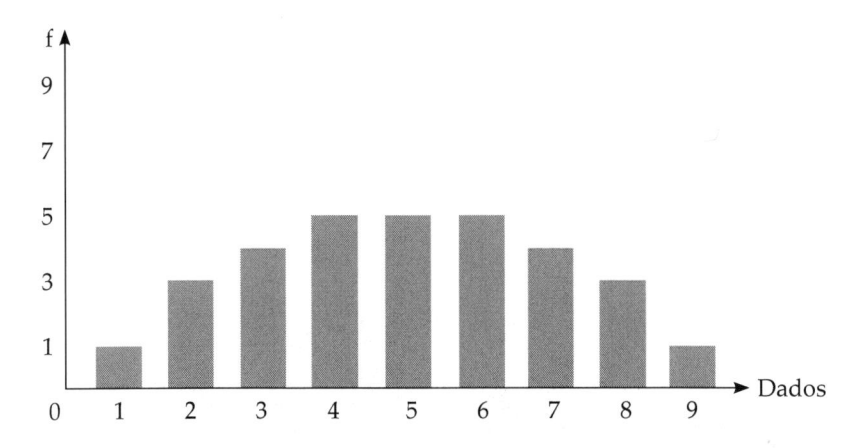

Note que a distribuição do Gráfico 6.4 é normal, enquanto a distribuição do Gráfico 6.5 é alongada e a do Gráfico 6.6 é achatada.

À distribuição normal damos o nome *curva mesocúrtica*; à alongada, *curva leptocúrtica*, e à achatada, *curva platicúrtica*.

Para a determinar a curtose sem a necessidade de fazer o gráfico, existem fórmulas que nos permitem efetuar o cálculo com maior ou com menor precisão. A mais simples, que nos dá o valor aproximado do coeficiente percentílico de curtose, é a seguinte:

$$K = \frac{Q_3 - Q_1}{2\,(p_{90} - p_{10})}$$

em que:

K = coeficiente percentílico de curtose

Q_1 = primeiro quartil

Q_3 = terceiro quartil

p_{10} = décimo percentil

p_{90} = nonagésimo percentil

As fórmulas para determinar essas variáveis são:

$$Q_1 = Li + \frac{(n/4 - \Sigma f_{ant}) \cdot A}{f_{Q_1}}$$

$$Q_3 = Li + \frac{(3n/4 - \Sigma f_{ant}) \cdot A}{f_{Q_3}}$$

$$P_{10} = Li + \frac{(10n/100 - \Sigma f_{ant}) \cdot A}{f_{P_{10}}}$$

$$P_{90} = Li + \frac{(90n/100 - \Sigma f_{ant}) \cdot A}{f_{P_{90}}}$$

O valor desse coeficiente (K) para a curva normal é 0,26367...

Como interpretar o resultado obtido pela utilização dessa fórmula? É simples. Quando K = 0,263, o achatamento da curva é igual ao da curva normal, e a distribuição, mesocúrtica (Castro, 1975). Os dados obtidos na pesquisa, nesse caso, estão "normalmente" distribuídos. Quando K > 0,263, estamos diante de uma curva mais achatada, e de uma distribuição platicúrtica. Os dados obtidos na pesquisa, nesse caso, estão bem dispersos em relação à média. Trata-se, portanto, de um grupo heterogêneo. Já quando K < 0,263, a curva é mais alongada, e a distribuição, leptocúrtica. Os dados obtidos na pesquisa, nesse caso, estão concentrados em torno da média. Trata-se de um grupo bem homogêneo.

Coeficiente momento de curtose

O coeficiente momento de curtose é definido como o quociente entre o momento centrado de quarta ordem (m_4) e o quadrado do momento centrado de segunda ordem (variância).

$$Km = \frac{m_4}{(m_2)^2} = \frac{m_4}{S^4}$$

O coeficiente momento de curtose (Km) é igual a 3,0 quando a curva é perfeitamente normal. Assim sendo: para uma **curva mesocúrtica**, Km ≅ 3,00; para uma **curva platicúrtica**, Km < 3,0; e, para uma **curva letpocúrtica**, Km > 3,0.

Analisemos um caso concreto para resolver as últimas dúvidas.

Exercício resolvido

A Tabela 6.4 apresenta as faixas salariais, em número de salários mínimos, dos funcionários de determinada empresa de importação e exportação na cidade de Alegrete.

Tabela 6.4 – Salários dos funcionários de uma empresa

Salários (n.)	Frequência (f)
2 ⊢——— 4	3
4 ⊢——— 6	6
6 ⊢——— 8	12
8 ⊢——— 10	6
10 ⊢——— 12	3

DETERMINE:

a) o primeiro coeficiente de assimetria de Pearson;

b) o coeficiente percentílico de curtose;

c) o tipo de curva de frequências.

Vamos, então, à solução do exemplo proposto.

a) O primeiro coeficiente de assimetria de Pearson é:

$$As = \frac{\overline{X} - Mo}{S}$$

$$\overline{X} = \frac{3 \cdot 3 + 5 \cdot 6 + 7 \cdot 12 + 9 \cdot 6 + 11 \cdot 3}{30} = \frac{210}{30} = 7$$

$$Mo = Li + \frac{f_{post} \cdot A}{f_{ant} + f_{post}} = 6 + \frac{6 \cdot 2}{6 + 6} = 7$$

RESPOSTA: Tanto a média quanto a moda valem 7. Logo As = 0, qualquer que seja S, o que corresponde a uma distribuição de frequências simétricas.

b) O coeficiente percentílico de curtose é:

$$K = \frac{Q_3 - Q_1}{2(p_{90} - p_{10})}$$

Para o cálculo de Q_1, precisamos saber em que classe se encontra o elemento de ordem n/4. No caso, n/4 = 30/4 = 7,5. Logo, Q_1 encontra-se na segunda classe (intervalo de 4 a 6), pois na primeira e na segunda classes, juntas, há nove elementos.

$$Q_1 = 4 + \frac{(7,5 - 3) \cdot 2}{6} = 4 + 1,5 = 5,5$$

Para o cálculo de Q_3, precisamos saber em que classe encontra-se o elemento de ordem 3n/4. No caso, 3n/4 = 90/4 = 22,5. Logo, Q_3 encontra-se na quarta classe (intervalo de 8 a 10).

$$Q_3 = 8 + \frac{(22,5 - 21) \cdot 2}{6} = 8 + 0,5 = 8,5$$

Para o cálculo de p_{10}, precisamos saber em que classe encontra-se o elemento de ordem 10n/100. No caso, 10n/100 = 10 · 30/100 = 3. Logo, p_{10} encontra-se na primeira classe (intervalo de 2 a 4).

$$p_{10} = 2 + \frac{(3 - 0) \cdot 2}{3} = 4$$

Finalmente, para o cálculo de p_{90}, precisamos saber em que classe encontra-se o elemento de ordem 90n/100. No caso, 90n/100 = 90 · 30/100 = 27. Logo, p_{90} encontra-se na quarta classe (intervalo de 8 a 10).

$$p_{90} = 8 + \frac{(27 - 21) \cdot 2}{6} = 10$$

Agora, podemos calcular o valor de K.

$$K = \frac{Q_3 - Q_1}{2(p_{90} - p_{10})} = \frac{8,5 - 5,5}{2 \cdot (10 - 4)} = \frac{3}{12} = 0,25$$

Resposta: O coeficiente percentílico de curtose é 0,25.

c) Em função do resultado obtido no item anterior, K = 0,25, verificamos que a curva é levemente leptocúrtica (K < 0,263).

Resposta: A curva é do tipo leptocúrtica.

Síntese

Para realizar uma análise criteriosa de dados, você deve recorrer a várias ferramentas, entre elas as estudadas neste capítulo. Como vimos, as medidas de assimetria, ou de enviesamento, são fundamentais na estatística, pois indicam o grau de deformação de uma curva de frequências. Na distribuição de frequências ocorre, de acordo com a direção (esquerda ou direita) da deformidade, ou desvio da curva, a denominada *assimétrica negativa* ou *assimétrica positiva*. Temos, portanto, a distribuição simétrica (quando a média, a mediana e a moda são iguais, sendo que os quartis Q_1 e Q_3 ficam equidistantes da mediana), a assimétrica negativa (com desvio à esquerda) e a assimétrica positiva (com desvio à direita). Para medir o grau de assimetria, utilizamos fórmulas como: a do segundo coeficiente de Karl Pearson e também a do coeficiente quartil de assimetria.

No entanto, nesse processo de medidas não ficamos apenas com as de assimetria. Utilizamos também as medidas de posição, as medidas de dispersão e as de curtose. Esta última é útil para medir o grau de achatamento ou de afilamento de uma distribuição de frequências.

Questões para revisão

1. Em uma distribuição de frequências, a moda é igual a 8,0, a média é igual a 7,8 e o desvio padrão é igual a 1,0. Determine o coeficiente de assimetria de Pearson e assinale a resposta correta:

   ( ) 0,20   ( ) 2,0   ( ) 0,50

   ( ) – 0,20   ( ) – 2,0

2. Em uma distribuição de frequências, verificou-se que a mediana é igual a 15,4, a média é igual a 16,0 e o desvio padrão é igual a 6,0. Determine o coeficiente de assimetria de Pearson e assinale a resposta correta:

   ( ) 0,10   ( ) 0,30   ( ) 0,50

   ( ) – 0,10   ( ) – 0,30

3. Em dada distribuição de frequências, o primeiro quartil é igual a 3, o terceiro quartil é igual 8, o décimo centil é igual a 1,5 e o nonagésimo centil é igual a 9. Com base nesses resultados, podemos afirmar que se trata de uma curva:

   a) mesocúrtica, com K = 0,263.

   b) leptocúrtica, com K = 0,233.

   c) leptocúrtica, com K = 0,25.

   d) platicúrtica, com K = 0,45.

   e) platicúrtica, com K = 0,333.

4. O coeficiente de curtose (K) para determinada distribuição de frequências é igual a 0,297. É correto afirmar que a curva é:

   a) mesocúrtica.

   b) platicúrtica.

   c) leptocúrtica.

   d) assimétrica positiva.

   e) simétrica.

5. O segundo coeficiente de assimetria de Pearson, para determinada distribuição de frequências, é igual a zero. É correto afirmar que a curva é:

   a) mesocúrtica.

   b) leptocúrtica.

   c) platicúrtica.

   d) simétrica.

   e) assimétrica positiva.

6. O que indicam as medidas de assimetria?
7. O que indicam as medidas de curtose?

capítulo 7

Cálculo de probabilidades

Conteúdos do capítulo

- Definições e conceitos básicos da teoria das probabilidades.
- Cálculos de probabilidade.
- Aplicação da regra de adição, da de multiplicação e do teorema de Bayes em estatística.

Após o estudo deste capítulo, você será capaz de:
1. conceituar a teoria das probabilidades;
2. aplicar em casos práticos os conceitos teóricos;
3. aplicar a regra da adição, a da multiplicação e o teorema de Bayes em casos de cálculos da probabilidade.

Teoria das probabilidades: conceitos básicos

Probabilidade, num conceito amplo, é o estudo dos fenômenos aleatórios.

Os fenômenos estudados em estatística são fenômenos cujo resultado, mesmo em condições normais de experimentação, variam de uma observação para outra, o que dificulta a previsão de um resultado futuro. Para a explicação desses fenômenos, chamados *aleatórios*, adota-se o modelo matemático denominado *teoria das probabilidades*.

Historicamente, a teoria da probabilidade começou com o estudo dos jogos de azar, como a roleta e as cartas (Lipschutz, 1974). Hoje, suas aplicações são inúmeras.

Para compreender a inferência estatística, é preciso entender vários conceitos de probabilidade. A probabilidade e a estatística estão estreitamente relacionadas, porque formulam tipos opostos de questões. **Na probabilidade**, sabemos como um processo ou experimento funciona e queremos predizer quais serão os resultados de tal processo. **Em estatística**, não sabemos como um processo funciona, mas podemos observar seus resultados e utilizar informações sobre eles para conhecer a natureza do processo ou do experimento.

O termo *probabilidade* é usado de modo muito amplo na conversação diária para sugerir certo grau de incerteza sobre o que ocorreu no passado, o que ocorrerá no futuro e o que está ocorrendo no presente.

O torcedor de um time pode apostar contra ele porque sua probabilidade de ganhar é pequena. O serviço de meteorologia pode prever tempo ruim porque a probabilidade de chuvas é grande.

É também importante o cálculo das probabilidades em situações que envolvem tomada de decisão. Um empresário, por exemplo, precisa de informações sobre a probabilidade de sucesso para a exportação de certo produto em determinado mercado.

Logo, os modelos probabilísticos podem ser úteis em diversas áreas do conhecimento humano, tais como em administração de empresas, ciências econômicas ou comércio exterior.

Experimento aleatório E é aquele que pode ser repetido indefinidamente sob as mesmas condições. Como tal experimento pode ter diferentes resultados, embora não se possa afirmar qual deles será obtido, é possível relacionar todos eles, bem como descrever a probabilidade de ocorrência de cada um. O lançamento de uma moeda é um exemplo de experi¬mento aleatório, pois este pode ser repetido quantas vezes se desejar. Antes do lançamento, não é plausível afirmar com certeza qual será o resultado, mas é totalmente admissível relatar os possíveis resultados: cara ou coroa.

Assim, a estatística baseia-se em experimentos enquanto o cálculo de probabilidades baseia-se em postulados lógicos. O cálculo das probabilidades e a estatística estão relacionados por intermédio da chamada *Lei dos Grandes Números* (Castro, 1975), que será estudada adiante.

Espaço amostral

Definimos espaço amostral S como o conjunto de todos os possíveis resultados de um experimento E.

Por exemplo, no experimento que consiste no lançamento de um dado, o espaço amostral é S = {1, 2, 3, 4, 5, 6}.

Evento

Evento é qualquer conjunto de resultados de um experimento. Sendo o evento um subconjunto de S, indicaremos os eventos por letras maiúsculas: A, B, C, e assim por diante.

Por exemplo, no experimento que consiste no lançamento de um dado, podemos definir o evento A como "sair um número par".

Então, A = {sair número par}.

A = {2, 4, 6}

Evento simples

É aquele formado por um único elemento do espaço amostral.

Por exemplo, no experimento que consiste no lançamento de um dado, o evento A, definido como "sair um número maior que 5", é um evento simples.

A = {6}

Evento composto

É aquele composto de mais de um elemento. Note que o evento A = {2, 4, 6} é composto.

Evento certo e evento impossível

Diante das explicações sobre eventos, notamos que S (espaço amostral) e ∅ (conjunto vazio) também são eventos, chamados respectivamente de *evento certo* e *evento impossível*.

Definição de probabilidade

A fim de explicitarmos o que é probabilidade, vamos utilizar processos aleatórios familiares, tais como:

a) jogar uma moeda vinte vezes e observar o número de caras obtidas;

b) retirar uma carta de um baralho comum de 52 cartas e observar seu naipe;

c) jogar um dado dez vezes e observar quantas vezes a face que contém o 6 é voltada para cima.

Saber como se aplicam os princípios da probabilidade às situações cujos processos conhecemos nos ajuda a compreender de que maneira podemos usar a inferência estatística para conhecer a natureza de um processo desconhecido.

A análise dos três processos anteriormente exemplificados revela-nos que:

a) cada experimento pode ser repetido indefinidamente sob as mesmas condições;

b) não conhecemos, a princípio, um resultado particular do experimento, mas sabemos todos os possíveis resultados;

c) quando o experimento é repetido um grande número de vezes, surge uma **regularidade**, ou seja, podemos observar uma **tendência**. Essa regularidade é observada pela **estabilidade da fração fr = f/n** (frequência relativa), em que f é o número de sucessos de um resultado particular estabelecido antes do experimento e n é o número de repetições.

Suponhamos, agora, duas outras situações.

Na primeira, extraímos aleatoriamente 10 bolas de uma caixa que contém 20 bolas pretas e 80 bolas vermelhas. Pela teoria das probabilidades, podemos determinar que existe a probabilidade de exatamente oito dessas bolas serem vermelhas e as outras duas serem pretas. A probabilidade é dada por um valor numérico entre 0 e 1. No exemplo dado, obter oito bolas vermelhas e duas pretas é o que chamamos de **esperança matemática**, ou seja, o resultado com maior probabilidade de ocorrer.

Na segunda, antes de uma eleição presidencial, perguntamos a 2 000 pessoas escolhidas aleatoriamente o nome do seu candidato e, utilizando a inferência estatística, prevemos as tendências presidenciais da população, tendo como base os resultados obtidos na amostra.

A probabilidade matemática de um acontecimento é a relação entre o número de casos favoráveis e o número de casos possíveis, desde que haja rigorosa equipossibilidade entre todos os casos.

Designando por S o número de casos possíveis e por A o número de casos favoráveis, a probabilidade P é assim definida:

$$P(A) = \frac{A}{S}$$

Ou seja:

$$P(A) = \frac{\text{número de elementos do evento A}}{\text{número de elementos do espaço amostral S}}$$

O valor de P(A) é sempre uma fração compreendida entre zero e um, pois o número de casos favoráveis nunca pode ser maior que o número de casos possíveis.

Os valores limites da probabilidade são:

a) P(A) = 0 quando A = 0, isto é, não há casos favoráveis; há certeza de não acontecer;

b) P(A) = 1 quando A = S, isto é, todos os casos são favoráveis, havendo certeza do acontecimento.

A probabilidade do não acontecimento costuma ser simbolizada pela letra Q, em que Q(A) = 1 – P(A).

Logo: P(A) + Q(A) = 1

Lei dos grandes números

Conforme DuPasquier, citado por Farias, Soares e Cesar (2003), em uma série de observações de um conjunto natural, realizadas todas em circunstâncias idênticas, um atributo x ocorre com uma frequência relativa, cujo valor é uma aproximação da probabilidade, aproximação essa tanto maior quanto maior for o número de observações.

Analisemos alguns exemplos.

1º Qual é a probabilidade de obtermos uma cara em uma única jogada de uma moeda honesta?

S = {cara, coroa}

A = {deu cara}

P(A) = 1/2 ou 50%

2º Qual é a probabilidade de obtermos uma única cara em um lançamento de três moedas?

Considerando K = cara , C = coroa e sendo A = {deu uma única cara}, temos:

S = {KCC, KKC, KKK, CKC, CKK, CCK, CCC, KCK}

Então, P(A) = 3/8.

3º Qual é a probabilidade de obtermos como resultado o 5 em uma única jogada de um dado honesto?

A = {deu 5}

S = {1 , 2 , 3 , 4 , 5 , 6}

P(A) = 1/6

> Curiosidade: na estatística, uma ferramenta honesta é aquela que não é viciada. Por exemplo, um dado honesto significa um dado que não é viciado. Em outras palavras, é um dado em que qualquer resultado tem a mesma probabilidade de ocorrer, para qualquer face.

Exercícios resolvidos

1. Qual é a probabilidade de obtermos o total de 6 pontos na jogada de 2 dados honestos?

    S = {36 resultados possíveis}

    A = {a soma dos dois dados é igual a 6}

    A = {(1 , 5), (2 , 4), (3 , 3), (4 , 2), (5 , 1)}

    P(A) = 5/36

    Resposta: A probabilidade é de 5/36.

2. Qual é a probabilidade de sair uma figura (valete, dama ou rei) ao se retirar uma única carta de um baralho comum de 52 cartas?

    S = {52 resultados possíveis}

    A = {a carta retirada é uma figura}

    Obs.: lembrar que, no baralho comum, há quatro valetes, quatro damas e quatro reis.

    P(A) = 12/52 = 3/13

    Resposta: A probabilidade é de 3/13.

3. Qual é a probabilidade de acertar o resultado do sorteio da mega-sena com um único cartão com seis dezenas?

O número de resultados possíveis, S, é igual a $C_{60,6}$.

Como $C_{N,X} = \dfrac{N!}{X!(N-X)!}$, temos que

$C_{60,6} = \dfrac{60!}{6!(60-6)!}$

$C_{60,6} = 50\ 063\ 860$

Seja A = {acertar as 6 dezenas sorteadas}

$P(A) = \dfrac{1}{50\ 063\ 860} = 0,000\ 000\ 019$ ou $0,000\ 001,9\%$

RESPOSTA: A probabilidade é de 0,000 001,9%.

Esperança matemática

Os valores que em estatística são denominados *médias*, no cálculo das probabilidades são chamados *esperanças matemáticas*.

O cálculo da esperança é possível pela fórmula:

$E(x) = n \cdot p$

em que:

    $E(x)$ = esperança matemática de ocorrer o evento x
    n = número de tentativas
    p = probabilidade de sucesso, ou seja, probabilidade de ocorrer o evento x em uma tentativa única

Originalmente, o conceito de esperança matemática surgiu em função de sua relação com jogos de azar e, em sua forma mais simples, é o produto da quantia que um jogador pode ganhar (o prêmio) pela probabilidade de que isso ocorra.

Consideremos a seguinte situação: em uma caixa encontram-se 100 canetas, sendo 20 pretas, 50 vermelhas e 30 azuis. Qual é o valor esperado de canetas azuis, em 20 retiradas de uma caneta, se houve reposição na caixa todas as vezes?

$$p = \frac{30}{100}$$

$$E(x) = n \cdot p$$

$$E(x) = 20 \cdot \frac{30}{100}$$

$$E(x) = 6$$

Logo, espera-se que, nas 20 tentativas, seis canetas sejam azuis.

Exercício resolvido

Qual é a esperança matemática de uma pessoa que joga na aposta mínima da mega-sena, cujo prêmio previsto para o ganhador é de R$ 1.000.000,00?

Já vimos, no Exercício resolvido 3 da seção anterior, que o número de resultados possíveis é de 50 063 860, e a probabilidade de ganhar o prêmio é de

$$\frac{1}{50\ 063\ 860}$$

A esperança matemática é:

$$E(x) = n \cdot p$$

$$E(x) = 1\ 000\ 000 \cdot \frac{1}{50\ 063\ 860}$$

$$E(x) = 0{,}02$$

O que esse resultado nos mostra? Ele indica que só devemos pagar R$ 0,02 por aposta, um valor muito inferior ao que é cobrado da pessoa que pretende tentar a sorte.

Probabilidades finitas dos espaços amostrais finitos

Seja S um espaço amostral finito, em que $S = \{a_1, a_2, ..., a_n\}$. Considere o evento formado por um resultado simples: $A = \{a_i\}$.

A cada evento simples $\{a_i\}$, associa-se um número P_i, denominado *probabilidade de $\{a_i\}$ ocorrer*, satisfazendo as seguintes condições:

a) $P_i \geq 0$, sendo $i = 1, 2, ..., n$;

b) $P_1 + P_2 + ... + P_n = 1$.

A probabilidade P(A) de cada evento composto (mais de um elemento) é então definida pela soma das probabilidades dos pontos de A.

Portanto, se três cavalos – A, B e C – estão em uma corrida, e o cavalo A tem duas vezes mais probabilidade de ganhar que o B e o cavalo B tem duas vezes mais probabilidade de ganhar que o C, quais são as probabilidades de vitória de cada cavalo, isto é, P(A), P(B) e P(C)?

Fazendo P(C) = p; então, P(B) = 2p e P(A) = 4p. Como a soma das probabilidades é igual a 1, temos:

p + 2p + 4p = 1   ou   7p = 1   ou   p = 1/7.

Então:

P(A) = 4/7

P(B) = 2/7

P(C) = 1/7

Espaços amostrais finitos equiprováveis

Quando associamos a cada ponto amostral a mesma probabilidade de ocorrência, o espaço amostral é dito *equiprovável* ou *uniforme*.

Em particular, se S contém n pontos, então a probabilidade de cada ponto é 1/n.

Logo, se você escolher aleatoriamente (a expressão *aleatória* nos indica que o espaço é equiprovável) uma carta de um baralho comum com 52 cartas, em que seja A = {a carta é de ouros} e B = {a carta é uma figura}, deve calcular P(A) e P(B).

$$P(A) = \frac{\text{número de ouros}}{\text{total de cartas}} = \frac{13}{52} = \frac{1}{4}$$

$$P(B) = \frac{\text{número de figuras}}{\text{total de cartas}} = \frac{12}{52} = \frac{3}{13}$$

Acontecimentos mutuamente exclusivos

Dois acontecimentos são mutuamente exclusivos quando ocorrendo um deles não pode ocorrer o outro. Por exemplo, se ao lançarmos um dado aparecer o número 4, então não pode ter aparecido o número 5.

Regra da adição para eventos mutuamente exclusivos

Quando A e B são eventos mutuamente exclusivos, P(A ∪ B) = P(A) + P(B).

Como lemos essa igualdade? Lemos: a probabilidade de acontecer o evento A ou o evento B é igual à probabilidade de acontecer o evento A mais a probabilidade de acontecer o evento B.

> IMPORTANTE! O símbolo ∪ corresponde, na teoria dos conjuntos, à união e, na aritmética, à soma. Corresponde, ainda, na álgebra boolena, à disjunção *ou*.

Vamos verificar, no exemplo da corrida de cavalos, qual seria a probabilidade de B ou C ganhar.

P(B ∪ C) = P(B) + P(C) = 2/7 + 1/7 = 3/7.

Imagine, agora, que desejamos saber qual é a probabilidade de tirar o primeiro prêmio em um sorteio de 100 bilhetes, estando de posse de três desses bilhetes.

A probabilidade de cada bilhete é de 1/100. Logo, aplicando a regra da adição, a probabilidade de ganharmos é: P = 1/100 + 1/100 + 1/100 = 3/100.

Eventos não mutuamente exclusivos

Consideremos o caso de dois eventos que podem ocorrer simultaneamente. Suponhamos A = {extração de um ás de um baralho} e B = {extração de uma carta de espadas}.

Então, A e B não são mutuamente exclusivos, visto que pode ser extraído o ás de espadas.

Somando simplesmente P(A) + P(B), estamos contando duas vezes os resultados de (A ∩ B). Por conseguinte, para obter o número correto de resultados P(A ∪ B), devemos subtrair P(A ∩ B).

> **IMPORTANTE!** O símbolo ∩ corresponde, na teoria dos conjuntos, à interseção e, na aritmética, à multiplicação. Corresponde, ainda, na álgebra booleana, à conjunção *e*.

Regra da adição para eventos não mutuamente exclusivos

Quando A e B são eventos não mutuamente exclusivos,

P(A ∪ B) = P(A) + P(B) − P(A ∩ B), em que

P(A ∩ B) = P(A) · P(B)

A fórmula P(A ∪ B) = P(A) + P(B) − P(A ∩ B) é a regra geral de adição, sejam os eventos mutuamente exclusivos ou não. Por quê? Porque, no caso de os eventos serem mutuamente exclusivos, P(A ∩ B) = 0.

Devemos estar atentos para o fato de que P(A ∩ B) = P(A) · P(B), quando os eventos A e B são independentes.

Quando um evento A é independente de um evento B, o evento B também é independente do evento A. Por exemplo, ao jogarmos uma moeda, se definirmos o evento A como "deu cara" e o evento B como "deu coroa", é fácil observar que se "deu cara" não pode ter "dado coroa" e vice-versa. Logo, dois eventos são independentes quando a ocorrência de um deles não depende da ocorrência do outro.

Há eventos, entretanto, que são dependentes. Por exemplo, em um carregamento de 1 000 sacas de café, 140 delas estão com peso abaixo do recomendado. Se uma pessoa escolher ao acaso duas sacas desse carregamento, qual será a probabilidade das duas estarem abaixo do peso?

Nesse caso, ao retirarmos a segunda saca, devemos levar em conta que a primeira já havia sido retirada. Logo, para o cálculo da probabilidade procurada, esse fato deve ser levado em consideração. Você aprenderá a fazer esse cálculo logo adiante, ao estudar probabilidade condicional.

Exercícios resolvidos

1. Ao se retirar uma carta de um baralho comum de 52 cartas, qual é a probabilidade de ela ser um ás ou uma carta de espadas?

   No presente caso, P(A) = 4/52, P(B) = 13/52 e P(A $\cap$ B) = 4/52 · 13/52 = 1/52.

   Então, P(A $\cup$ B) = 4/52 + 13/52 – 1/52 = 16/52 = 4/13.

2. Considere o lançamento de um dado branco e de um dado preto. Calcule a probabilidade de ocorrer:

   a) soma igual a 5;

   b) soma igual a 11.

   Sabemos que, ao jogar dois dados, existem 36 diferentes resultados (6 do primeiro dado vezes 6 do segundo dado). Então:

   S = {(1, 1), (1, 2), (1, 3), (1, 4), (1, 5), (1, 6), (2, 1), (2, 2), (2, 3), (2, 4), (2, 5), (2, 6), (3, 1), (3, 2), (3, 3), (3, 4), (3, 5), (3, 6), (4, 1), (4, 2), (4, 3), (4, 4), (4, 5), (4, 6), (5, 1), (5, 2), (5, 3), (5, 4), (5, 5), (5, 6), (6, 1), (6, 2), (6, 3), (6, 4), (6, 5), (6, 6)}

   a) A soma igual a 5 pode ocorrer nos seguintes casos:

   A = {(1, 4), (2, 3), (3, 2), (4, 1)}

   Sabemos, pela definição de probabilidade, que:

   $$P(A) = \frac{\text{número de elementos do evento A}}{\text{número de elementos do espaço amostral S}}$$

   Então, temos:

   $$P(A) = \frac{4}{36} = 0{,}1111 \text{ ou } 11{,}11\%$$

   RESPOSTA: A probabilidade de a soma ser 5 é de 11,11%.

b) A soma igual a 11 pode ocorrer nos seguintes casos:

B = {(5, 6), (6, 5)}

Agora, temos:

$$P(B) = \frac{2}{36} = 0{,}0556 \text{ ou } 5{,}56\%$$

Resposta: A probabilidade de a soma ser 11 é de 5,56%.

3. Para o caso de uma carta ser retirada de um baralho comum de 52 cartas, calcule a probabilidade de:

   a) sair uma carta vermelha;

   b) sair uma carta de copas;

   c) sair um valete.

   Sabemos que um baralho comum tem 52 cartas, assim distribuídas por naipe:
   - copas: 13 cartas vermelhas;
   - ouros: 13 cartas vermelhas;
   - paus: 13 cartas pretas;
   - espadas: 13 cartas pretas.

   a) Vamos verificar a probabilidade de, ao retirarmos desse baralho uma única carta, ela ser vermelha.

   A = {carta é vermelha}

   $$P(A) = \frac{26}{52} = 0{,}5 \text{ ou } 50\%$$

   Resposta: A probabilidade de a carta ser vermelha é de 50%.

   b) Analisemos, agora, a probabilidade de, ao retirarmos desse baralho uma única carta, ela ser de copas.

B = {carta é de copas}

$$P(B) = \frac{13}{52} = 0{,}25 \text{ ou } 25\%$$

Resposta: A probabilidade de a carta ser de copas é de 25%.

c) Por fim, verificamos a probabilidade de, ao retirarmos desse baralho uma única carta, ela ser um valete.

C = {carta é um valete}

$$P(C) = \frac{4}{52} = 0{,}0769 \text{ ou } 7{,}69\%$$

Resposta: A probabilidade de a carta ser um valete é de 7,69%.

4. Em uma disputa final de torneio de tiro ao alvo, a probabilidade de Kendric acertar o alvo é de 1/2 e a de Marcel atingir o mesmo alvo é de 3/5. Qual a probabilidade de o alvo ser atingido, se ambos atirarem nele?

Estamos diante de dois eventos NÃO mutuamente exclusivos, ou seja, Kendric acertar o alvo não exclui a possibilidade de Marcel também o fazer. Logo, se definirmos que:

A = {Kendric acertou o alvo} e

B = {Marcel acertou o alvo},

temos que:

$P(A \cup B) = P(A) + P(B) - P(A \cap B)$

em que:

$P(A \cap B) = P(A) \cdot P(B)$

ou seja:

$$P(A \cup B) = \frac{1}{2} + \frac{3}{5} - \frac{1}{2} \cdot \frac{3}{5} = \frac{1}{2} + \frac{3}{5} - \frac{3}{10} = \frac{8}{10} = 0{,}80 \text{ ou } 80\%$$

Resposta: A probabilidade de ambos acertarem o alvo é de 80%.

Acontecimentos simultâneos e sucessivos

Há acontecimentos independentes que podem ser simultâneos, como tirar de um baralho uma carta de espadas e uma carta que seja uma figura. A isso damos o nome *acontecimento composto*.

Há, no entanto, acontecimentos independentes sucessivos. São os que exigem a ocorrência do primeiro fato para que possa existir a hipótese do segundo acontecimento, tal como neste exemplo: em duas jogadas sucessivas de um dado, o número 5 sai duas vezes. A isso damos o nome *acontecimento complexo*.

Probabilidade condicional

Dados dois eventos, A e B, de um espaço amostral S, denota-se por $P(A \mid B)$ a probabilidade condicionada de ocorrer o evento A quando o evento B já tiver ocorrido, assim:

$$P(A \mid B) = \frac{P(A \cap B)}{P(B)},$$

com $P(B) \neq 0$, pois B já ocorreu.

Então, para avaliar a probabilidade de ocorrer A, dado que B já ocorreu, basta contar o número de casos favoráveis do evento $(A \cap B)$ e dividir esse número pela quantidade de casos favoráveis do evento B.

Quando os eventos A e B são independentes, temos $P(A \mid B) = P(A)$ ou $P(B \mid A) = P(B)$.

Vamos analisar alguns exemplos para explicitar o que foi dito.

Caso seja E o experimento que consiste em lançar um dado, e o evento A = {saiu o número 2}, então, $P(A) = 1/6$.

Considere agora o evento B = {saiu um número par}.

Então, $P(B) = 3/6 = 1/2$.

Nesse exemplo, podemos estar interessados em avaliar a probabilidade de que ocorra o evento A (saiu o número 2), condicionada à ocorrência do evento B (saiu um número par). Em símbolos, designa-se por $P(A \mid B)$.

Observe que, dada a informação da ocorrência do evento B, reduzimos o espaço amostral S de {1, 2, 3, 4, 5, 6} para {2, 4, 6}. Logo $P(A \mid B) = 1/3$.

Agora, suponha que um número foi sorteado ao acaso entre os inteiros de 1 a 15. Se o número sorteado for par, qual é a probabilidade de que este seja o número 6?

S = {1, 2, 3, 4, 5, 6, 7, 8, 9, 10, 11, 12, 13, 14, 15}

A = {o número é 6},

e B = {o número é par}.

Então, $P(A|B) = ?$

Note que a probabilidade de ocorrência do evento A, sem a informação da ocorrência do evento B, é:

P(A) = 1/15

Dada, porém, a informação de que o número sorteado foi par, o espaço amostral reduz-se para {2, 4, 6, 8, 10, 12, 14} e é nesse espaço amostral que iremos avaliar a probabilidade de ocorrer o evento A.

$$P(A|B) = \frac{\text{número de casos favoráveis do evento } A \cap B}{\text{número de casos favoráveis do evento } B} = \frac{1}{7}$$

Pois $(A \cap B) = \{6\}$ e B = {2, 4, 6, 8, 10, 12, 14}.

E, em uma situação em que se retira, sem reposição, duas peças de um lote de dez peças, em que apenas quatro são boas, qual a probabilidade de que ambas sejam defeituosas?

A = {a primeira peça é defeituosa}

B = {a segunda peça é defeituosa}

$P(A \cap B) = P(A) \cdot P(B|A)$

$P(A \cap B) = 6/10 \cdot 5/9 = 1/3$

Observe que P(A | B) é a probabilidade de a segunda peça ser defeituosa, dado que a primeira era defeituosa.

> Observe que, em experimentos em que ocorre reposição, o elemento escolhido é devolvido à população, podendo ser escolhido novamente. Se não houver reposição, o elemento, uma vez escolhido, não é devolvido à população, não podendo, assim, ser escolhido novamente.

Regra da multiplicação

A partir do que expusemos sobre a probabilidade condicional, tanto no acontecimento composto quanto no acontecimento complexo, aplica-se a regra da multiplicação, que diz:

> A probabilidade de um acontecimento complexo ou composto é igual ao produto das probabilidades simples dos acontecimentos considerados (quando os acontecimentos anteriores já se realizaram).

Ou seja:

$P(A \cap B) = P(B) \cdot P(A \mid B)$ ou $P(A \cap B) = P(A) \cdot P(B \mid A)$

Quando os eventos A e B são independentes, temos que a $P(A \cap B) = P(A) \cdot P(B)$.

O princípio da multiplicação afirma que, se o primeiro de dois experimentos admite **a** resultados possíveis e o segundo comporta **b** resultados possíveis, podendo ocorrer qualquer combinação, então o número total de resultados possíveis dos dois experimentos é obtido por a · b.

Como isso funciona? Suponhamos que em uma eleição presidencial há 5 candidatos de direita e 6 candidatos de esquerda. Qual é o número de pares possíveis de candidatos na eleição geral, sendo um de direita e outro de esquerda?

Número de candidatos = 6 · 5 = 30

Agora, em três jogadas de um dado, qual é a probabilidade de sair três vezes seguidas o número 2?

Em cada um das jogadas, a probabilidade é de 1/6.

Então, a probabilidade procurada é, pela regra da multiplicação, igual a:

P = 1/6 · 1/6 · 1/6 = 1/216

Podemos, então, transformar esse resultado em porcentagem:

$\dfrac{1}{216}$ = 0,00463, ou seja, 0,463%

Exercícios resolvidos

1. Em uma caixa, há três bolas brancas, duas bolas pretas e cinco bolas amarelas. Qual é a probabilidade de retirar duas bolas brancas, uma após a outra, sem reposição?

   A = {a primeira bola é branca}

   B = {a segunda bola é branca}

   P(A ∩ B) = P(A) · P(B | A) = 3/10 · 2/9 = 1/15 = 0,0667 ou 6,67%

   Resposta: A probabilidade de duas bolas brancas saírem nessa condição é de 6,67%.

2. Num lote de 12 peças, 4 são defeituosas. Nesse caso, considerando que três peças são retiradas aleatoriamente, uma após a outra, sem reposição, encontre a probabilidade de todas essas peças retiradas serem NÃO defeituosas.

   A probabilidade de a primeira peça ser não defeituosa é 8/12, já que 8 das 12 peças são não defeituosas. Se a primeira peça é não defeituosa, então a probabilidade de a próxima ser não defeituosa é 7/11, pois somente 7 das 11 peças restantes são não defeituosas. Finalmente, se a segunda peça também é não defeituosa, a probabilidade de a terceira ser não defeituosa é 6/10, já que somente 6 das 10 peças restantes são não defeituosas. Então:

   A = {a primeira peça é não defeituosa}

   B = {a segunda peça é não defeituosa}

   C = {a terceira peça é não defeituosa}

   P(A ∩ B ∩ C) = 8/12 · 7/11 · 6/10 = 14/55

   Resposta: A probabilidade de todas as bolas retiradas serem não defeituosas é de 14/55.

Independência estatística

Um evento A é considerado independente de um evento B se a probabilidade de A é igual à probabilidade condicional de A, dado B, isto é, se:

$P(A) = P(A \mid B)$

É óbvio que, se A é independente de B, e B é independente de A, temos:

$P(B) = P(B \mid A)$

Considerando-se a regra da multiplicação, podemos afirmar que, se A e B são independentes, então:

$P(A \cap B) = P(A) \cdot P(B)$

Dados n eventos $A_1, A_2, \ldots, A_n$, dizemos que eles são independentes se o forem 2 a 2, 3 a 3, ..., n a n.

Então: $P(A_1 \cap A_2 \cap \ldots \cap A_n) = P(A_1) \cdot P(A_2) \cdot \ldots \cdot P(A_n)$.

Vamos analisar alguns exemplos.

1º Consideremos que se deseja conhecer a probabilidade de duas pessoas identificadas como A e B estarem vivas daqui a 20 anos. Se para A a probabilidade é 70%, e para B, 50%, qual é a probabilidade de ambas estarem vivas no prazo referido?

P(A e B estarem vivas) = 70/100 · 50/100 = 35/100 ou 35%

2º No lançamento de dois dados, os eventos A e B são independentes. A é o evento em que a soma dos pontos dos dois dados é 4, e B, o evento em que no primeiro dado deu 1. Lembre-se que, para essa experiência, o espaço amostral é 6 · 6 = 36 elementos, dos quais 6 correspondem a pares de números em que no primeiro dado deu 1.

S = {(1, 1), (1, 2), (1, 3), (1, 4), (1, 5), (1, 6), (2, 1), (2, 2), (2, 3), (2, 4), (2, 5), (2, 6), (3, 1), (3, 2), (3, 3), (3, 4), (3, 5), (3, 6), (4, 1), (4, 2), (4, 3), (4, 4), (4, 5), (4, 6), (5, 1), (5, 2), (5, 3), (5, 4), (5, 5), (5, 6), (6, 1), (6, 2), (6, 3), (6, 4), (6, 5), (6, 6)}

Logo, P(B) = 6/36 = 1/6.

Os elementos do espaço amostral que indicam soma igual a 4 são:

(1, 3), (2, 2) e (3, 1)

Logo, P(A) = 3/36 = 1/12.

Então, a probabilidade de a soma ter sido 4, se sabemos que no primeiro dado deu o número 1, é:

P(A | B) = 1/3

Evidentemente, A e B não são independentes, pois P(A) é diferente de P(A | B).

Exercícios resolvidos

1. Uma urna contém 8 bolas brancas, 7 bolas pretas e 4 bolas verdes. Uma bola é retirada aleatoriamente dessa urna. Calcule a probabilidade de:

   a) sair uma bola branca;

   b) sair uma bola preta;

   c) sair uma bola verde.

   a) Como temos 8 bolas brancas em um total de 19 bolas (8 + 7 + 4), a probabilidade procurada é:

   $$P \text{ (bola ser branca)} = \frac{8}{19}$$

   Resposta: A probabilidade de ser uma bola branca é 8/19.

   b) Como temos 7 bolas pretas em um total de 19 bolas, a probabilidade procurada é:

   $$P \text{ (bola ser preta)} = \frac{7}{19}$$

   Resposta: A probabilidade de ser uma bola preta é 7/19.

   c) Como há 4 bolas verdes. Então:

   $$P \text{ (bola ser verde)} = \frac{4}{19}$$

   Resposta: A probabilidade de ser uma bola verde é 4/19.

2. Um número inteiro é escolhido ao acaso dentre os números de 1 a 30. Calcule a probabilidade de:

   a) o número ser divisível por 3;

   b) o número ser divisível por 5;

c) o número ser divisível por 3 ou por 5;

d) o número ser divisível por 3 e por 5.

> É necessário agora relembrar que associamos a operação lógica OU à operação aritmética + (soma) e associamos a operação lógica E à operação aritmética × (multiplicação).

Vamos, então, à solução:

S = {1, 2, 3, 4, 5, 6, 7, 8, 9, 10, 11, 12, 13, 14, 15, 16, 17, 18, 19, 20, 21, 22, 23, 24, 25, 26, 27, 28, 29, 30}

a) Chamemos de A = {o número é divisível por 3}

Então:

$P(A) = \dfrac{10}{30} = \dfrac{1}{3}$, pois há dez números divisíveis por 3.

Resposta: A probabilidade de o número ser divisível por 3 é 1/3.

b) B = {o número é divisível por 5}

$P(A) = \dfrac{6}{30} = \dfrac{1}{5}$, pois há seis números divisíveis por 5.

Resposta: A probabilidade de o número ser divisível por 5 é 1/5.

c) C = {o número é divisível por 3 ou por 5}

Então:

$P(C) = P(A) + P(B) - P(A) \cdot P(B)$

$P(C) = \dfrac{1}{3} + \dfrac{1}{5} - \dfrac{1}{3} \cdot \dfrac{1}{5} = \dfrac{1}{3} + \dfrac{1}{5} - \dfrac{1}{15} = \dfrac{5 + 3 - 1}{15} = \dfrac{7}{15}$

Resposta: A probabilidade de o número ser divisível por 3 ou 5 é 7/15.

d) D = {o número é divisível por 3 e por 5}

Então:

$$P(D) = \frac{1}{3} \cdot \frac{1}{5} = \frac{1}{15}$$

Resposta: A probabilidade de o número ser divisível por 3 e por 5 é 7/15.

3. Uma urna contém 5 bolas brancas e 3 vermelhas, sendo que outra urna contém 4 bolas brancas e 5 vermelhas. Considerando que uma bola é retirada de cada urna, encontre a probabilidade de serem:

a) da mesma cor;

b) de cores diferentes.

Para facilitar a visualização do exercício, vamos representar as duas urnas:

Urna 1	Urna 2
5 brancas	4 brancas
3 vermelhas	5 vermelhas

a) Calculemos, então, a probabilidade de as duas bolas, uma retirada da urna 1 e outra retirada da urna 2, serem ambas da mesma cor.

As duas poderão ser brancas. Então:

$$P \text{ (duas brancas)} = \frac{5}{8} \cdot \frac{4}{9}$$

> Observe que multiplicamos as probabilidades, porque estamos supondo que uma E outras bolas são brancas. Portanto, à operação lógica E, associamos a multiplicação, lembra-se?

Mas as duas poderiam ter sido vermelhas. Então:

$$P \text{ (duas vermelhas)} = \frac{3}{8} \cdot \frac{5}{9}$$

Como queremos calcular a probabilidade de as duas serem da mesma cor, elas poderão ser ambas brancas OU ambas vermelhas. Logo:

$$P \text{ (ambas da mesma cor)} = \frac{5}{8} \cdot \frac{4}{9} + \frac{3}{8} \cdot \frac{5}{9} = \frac{20}{72} + \frac{15}{72} = \frac{35}{72}$$

Resposta: A probabilidade de as duas bolas serem da mesma cor é de 35/72.

Nós somamos as duas probabilidades, porque, à operação lógica OU, associamos a operação aritmética soma.

b) Vamos agora calcular a probabilidade de as bolas serem de cores diferentes.

Duas situações podem ocorrer: a primeira bola ser branca e a segunda ser vermelha ou a primeira bola ser vermelha e a segunda ser branca.

$$P \text{ (1}^\text{a}\text{ branca e 2}^\text{a}\text{ vermelha)} = \frac{5}{8} \cdot \frac{5}{9}$$

$$P \text{ (1}^\text{a}\text{ vermelha e 2}^\text{a}\text{ branca)} = \frac{3}{8} \cdot \frac{4}{9}$$

Lembre-se de que só ocorre uma dessas duas situações: ou uma ou outra. Então:

$$P \text{ (bolas de cores diferentes)} = \frac{5}{8} \cdot \frac{5}{9} + \frac{3}{8} \cdot \frac{4}{9} = \frac{25}{72} + \frac{12}{72} = \frac{37}{72}$$

Resposta: A probabilidade de as bolas serem de cores diferentes é de 37/72.

Você pode, ainda, resolver a segunda parte desse exercício da forma que segue:

Como a probabilidade das bolas serem da mesma cor é $\frac{35}{72}$, então a probabilidade de serem de cores diferentes é o que falta para $\frac{72}{72}$, ou seja:

$$P \text{ (bolas de cores diferentes)} = 1 - \frac{35}{72} = \frac{37}{72}$$

4. Dois amigos foram caçar. Sabemos que um deles tem 45% de probabilidade de acertar qualquer caça, enquanto o outro tem 60%. Calcule qual é a probabilidade de, em cada tiro disparado:

a) ambos acertarem dada caça;

b) nenhum acertar dada caça;

c) a caça ser atingida;

d) apenas um acertar a caça.

Vamos à resolução:

a) A probabilidade de ambos acertarem a caça significa dizer que um E outro acertaram a caça. Então:

$$P \text{ (ambos acertarem a caça)} = \frac{45}{100} \cdot \frac{60}{100} = \frac{27}{100}$$

Resposta: A probabilidade de ambos acertarem dada caça é de 27/100.

b) A probabilidade de nenhum acertar a caça significa que ambos erraram. Como um deles tem 45% de chance de acertar, deduzimos que tem 55% de chance de errar. O outro tem 60% de chance de acertar; logo tem 40% de chance de errar. Então:

$$P \text{ (nenhum acertar a caça)} = \frac{55}{100} \cdot \frac{40}{100} = \frac{22}{100}$$

Resposta: A probabilidade de nenhum ter acertado a caça é de 22/100.

c) Supondo que a caça foi atingida, ou um, ou outro, ou ambos atingiram a caça. Não podemos garantir que ambos acertaram. Logo:

$$P \text{ (a caça ser atingida)} = \frac{45}{100} + \frac{60}{100} - \frac{45}{100} \cdot \frac{60}{100} = \frac{105}{100} - \frac{27}{100} = \frac{78}{100}$$

Resposta: A probabilidade de a caça ser atingida é de 78/100.

d) Para descobrir a probabilidade de apenas um ter acertado a caça, precisamos considerar a probabilidade de a caça ter sido atingida (como calculado na letra c) e desse valor subtrair a probabilidade de ambos o terem feito (conforme determinado na letra a). Logo:

$$P \text{ (apenas um acertar a caça)} = \frac{78}{100} - \frac{27}{100}$$

Resposta: A probabilidade de apenas um ter atingido a caça é de 51/100.

Teorema de Bayes*

Ao estudarmos a probabilidade condicional, verificamos que $P(A \mid B)$ e $P(B \mid A)$ são diferentes.

Por exemplo, se A é o evento de uma pessoa ter sido aprovada em um concurso e se B é o evento de uma pessoa ter sido admitida em um emprego, $P(B \mid A)$ é a probabilidade de a pessoa ser admitida em um emprego, sabendo-se que, efetivamente, foi aprovada em um concurso. Já $P(A \mid B)$ é a probabilidade de a pessoa ter sido aprovada em um concurso, sabendo-se que, efetivamente, foi admitida em um emprego.

Já demonstramos que:

$P(A \cap B) = P(B) \cdot P(A \mid B)$ ou $P(A \cap B) = P(A) \cdot P(B \mid A)$

Igualando essas duas expressões, temos:

$P(A) \cdot P(B \mid A) = P(B) \cdot P(A \mid B)$

$$P(B \mid A) = \frac{P(B) \cdot P(A \mid B)}{P(A)}$$

Imaginemos agora um espaço amostral S, participando em um número finito de eventos B_i, onde i varia de 1 até n, de tal forma que a interseção entre quaisquer eventos B_i é um conjunto vazio (são eventos mutuamente exclusivos) e a união de todos os B_i é igual ao espaço amostral S.

---

* Thomas Bayes (1702-1761) foi reverendo e ministro presbiteriano.

Figura 7.1 – Partição de um espaço amostral S em um número finito de eventos B_i

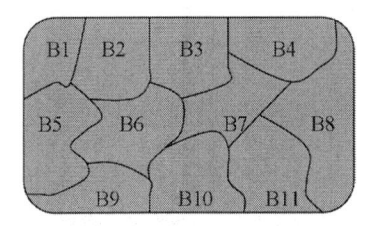

Consideremos, agora, um evento A qualquer de S, em que $P(A) > 0$ (ver Figura 7.2).

Figura 7.2 – Evento A pertencente ao espaço amostral S

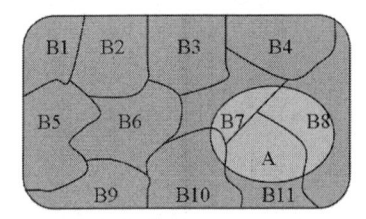

Temos que:

$A = (B_1 \cap A) \cup (B_2 \cap A) \cup \ldots \cup (B_n \cap A)$

Então:

$P(A) = P(B_1 \cap A) + P(B_2 \cap A) + \ldots + P(B_n \cap A)$

Ou seja:

$P(A) = \sum_{i=1}^{n} P(B_i \cap A)$

Como $B_1, B_2, \ldots, B_n$ são eventos mutuamente exclusivos e como um evento B_i deve ocorrer, temos que:

$$P(B_K \mid A) = \frac{P(B_K) \cdot P(A \mid B_K)}{\sum_{i=1}^{n} P(B_i) \cdot P(A \mid B_i)}$$

sendo $K = 1$ ou 2 ou 3 ou ... ou n.

Dessa análise, concluímos que o teorema de Bayes é uma generalização de probabilidade condicional no caso de mais de dois eventos. (Farias; Soares; César; 2003)

Vamos aplicar essa sequência lógica do teorema no caso de uma fábrica de automóveis, em que três empresas de autopeças participam do processo de fabricação fornecendo peças dos tipos I, II e III, respectivamente. As peças do tipo I correspondem a 50%, as do tipo II, a 20%, e as do tipo III, a 30% da produção total.

Considerando os dados do Quadro 7.1, determinaremos a probabilidade de uma peça defeituosa que venha a ser utilizada na linha de produção ser proveniente do fornecedor de peças do tipo III.

Fornecedor	Peças boas (%)	Peças defeituosas (%)
Fornecedor de peça I	98	2
Fornecedor de peça II	99	1
Fornecedor de peça III	97	3

Sendo A: o evento de uma peça defeituosa ser utilizada na linha de produção, B_1 o evento da peça defeituosa ser do tipo I, B_2 o evento da peça defeituosa ser do tipo II, e B_3 o evento da peça defeituosa ser do tipo III:

$$P(B_3 \mid A) = \frac{P(B_3) \cdot P(A \mid B_3)}{P(B_1) \cdot P(A \mid B_1) + P(B_2) \cdot P(A \mid B_2) + P(B_3) \cdot P(A \mid B_3)}$$

$$P(B_3 \mid A) = \frac{(0,30) \cdot (0,03)}{(0,50) \cdot (0,02) + (0,20) \cdot (0,01) + (0,30) \cdot (0,03)}$$

$$P(B_3 \mid A) = \frac{0,009}{0,021}$$

$P(B_3 \mid A) = 0,4286$ ou 42,86%

Exercício resolvido

1. (IME) Uma companhia multinacional tem três fábricas que produzem o mesmo tipo de produto. A fábrica 1 é responsável por 30% do total produzido, a fábrica 2 produz 45% do total, e o restante, 25%, vem da fábrica 3. Cada uma das fábricas, no entanto, produz uma proporção de produtos que não atendem aos padrões estabelecidos pelas normas internacionais. Tais produtos são considerados "defeituosos" e correspondem a 1%, 2% e 1,5%, respectivamente, dos totais produzidos por fábrica. No centro de distribuição, é feito o controle de qualidade da produção combinada das fábricas.

a) Qual é a probabilidade de encontrar um produto defeituoso durante a inspeção de qualidade?

b) Se, durante a inspeção, encontramos um produto defeituoso, qual é a probabilidade de que ele tenha sido produzido na fábrica 2?

Vamos à resolução:

a) Seja o evento A = {Produto defeituoso} e F_i = {Produto da fábrica i}.

Sabemos, pelo enunciado, que:

P(F1) = 0,30

P(F2) = 0,45

P(F3) = 0,25

Além disso, sabemos que:

P(A|F1) = 0,01

P(A|F2) = 0,02

P(A|F3) = 0,015

Então, pela lei da probabilidade total:

$P(A) = P(A|F1) \cdot P(F1) + P(A|F2) \cdot P(F2) + P(A|F3) \cdot P(F3) =$

$= 0{,}3 \cdot 0{,}01 + 0{,}45 \cdot 0{,}02 + 0{,}25 \cdot 0{,}015 = 0{,}01575$

Resposta: A probabilidade de ser encontrado um produto defeituoso na inspeção de qualidade é de 0,01575.

b) Para determinar a probabilidade de encontrarmos um produto defeituoso que tenha sido produzido na fábrica 2, aplicaremos o teorema de Bayes:

$$P(F2|A) = \frac{P(A|F2) \cdot P(F2)}{P(A)} = \frac{0{,}02 \cdot 0{,}45}{0{,}01575} = 0{,}5714$$

Resposta: A probabilidade de que o produto defeituoso tenha sido produzido na fábrica 2 é 0,5714.

Síntese

A probabilidade e a estatística estão estreitamente relacionadas, porque formulam tipos opostos de questões. Na probabilidade, sabemos como um processo ou experimento funciona e queremos predizer quais serão os resultados de tal processo. Em estatística, não sabemos como um processo funciona, mas podemos observar seus resultados e utilizar informações para conhecer a natureza do processo ou do experimento. Assim, trabalhando em direções diferenciadas, mas não isoladas, a conexão entre as duas áreas é bastante oportuna. No entanto, para que ocorra essa interligação, é necessário construir vários conhecimentos técnicos durante seu aprendizado. Por isso apresentamos aqui um panorama que se constituiu a partir das definições e conceitos básicos sobre a teoria das probabilidades, mas que revisitou também as concepções, usos e cálculos de componentes probabilísticos, como:

- esperança matemática;
- probabilidades finitas dos espaços amostrais finitos;
- espaços amostrais finitos equiprováveis;

- acontecimentos mutuamente exclusivos;
- regra da adição para eventos mutuamente exclusivos;
- eventos não mutuamente exclusivos;
- regra da adição para eventos não mutuamente exclusivos;
- acontecimentos simultâneos e sucessivos;
- probabilidade condicional;
- regra da multiplicação;
- independência estatística;
- teorema de Bayes.

Todo esse processo, essa construção de conhecimentos, foi realizado por meio da contínua aplicação em contextos explicativos.

Questões para revisão

Nos exercícios a seguir, marque a alternativa correta.

1. Uma bola é retirada ao acaso de uma urna que contém 6 bolas vermelhas, 8 bolas pretas e 4 bolas verdes. Calcule a probabilidade de ela não ser preta.

    ( ) 10/18   ( ) 8/18

    ( ) 4/18   ( ) 12/18

    ( ) 6/18

2. A probabilidade de que Marcella resolva um problema é de 1/3 e a de que Luisa o resolva é de 1/4. Se ambas tentarem resolver independentemente o problema, qual a probabilidade de ele ser resolvido?

    ( ) 7/12   ( ) 2/7

    ( ) 1/7   ( ) 2/7

    ( ) 1/2

3. Jogamos, uma única vez, quatro moedas honestas. Qual a probabilidade, em qualquer ordem, de ter dado coroa em três das moedas e cara na outra moeda?

( ) 1/8   ( ) 3/16

( ) 3/8   ( ) 1/16

( ) 4/16

4. Uma carta é retirada de um baralho. Qual a probabilidade de ela ser uma dama ou uma carta de paus?

( ) 16/52   ( ) 4/52

( ) 17/52   ( ) 13/52

( ) 1/52

5. Uma empresa importadora tem 25% de chance de vender com sucesso um produto A e tem 40% de chance de vender com sucesso um produto B. Se essa empresa importar os dois produtos, A e B, qual a probabilidade de ela ter sucesso na venda ou do produto A, ou do produto B?

( ) 65/100   ( ) 75/100

( ) 55/100   ( ) 54/100

( ) 10/100

6. Em uma empresa de vendas a varejo, o produto A tem 60% de chance de ser vendido, e o produto B tem apenas 40% de chance. Se essa empresa tentar vender os produtos A e B, qual a probabilidade de ela ter sucesso na venda ou do produto A, ou do produto B?

( ) 100%   ( ) 76%

( ) 60%   ( ) 24%

( ) 40%

7. A ação da empresa A, negociada na Bolsa de Valores de São Paulo, tem 25% de chance de subir durante o pregão de determinado dia. Nesse mesmo dia, a ação da empresa B, negociada na mesma bolsa de valores, tem 20% de chance de subir. Caso um acionista compre ações das duas empresas, A e B, nesse dia, qual a probabilidade das ações de ambas subirem?

( ) 5%   ( ) 22,5%

( ) 10%   ( ) 40%

( ) 45%

8. Uma urna I contém 4 bolas vermelhas, 3 bolas pretas e 3 bolas verdes. Uma urna II contém 2 bolas vermelhas, 5 bolas pretas e 8 bolas verdes. Uma urna III contém 10 bolas vermelhas, 4 bolas pretas e 6 bolas verdes. Calcule a probabilidade de, retirando-se uma bola de cada urna, serem todas da mesma cor.

( ) 80/3 000   ( ) 284/3 000

( ) 60/3 000   ( ) 140/3 000

( ) 144/3 000

9. Um pacote de sementes de flores contém 4 sementes de flores vermelhas, 3 de flores amarelas, 2 de flores roxas e 1 de flores laranjas. Escolhidas, ao acaso, uma após a outra, 3 sementes, qual é a probabilidade de a primeira ser uma flor laranja, a segunda vermelha e a terceira roxa?

( ) 7/27   ( ) 8/1000

( ) 242/720   ( ) 7/1000

( ) 8/720

10. Uma caixa contém 20 canetas iguais, das quais 7 são defeituosas. Uma segunda caixa contém 12 canetas iguais, das quais 4 são defeituosas. Considerando que uma caneta é retirada aleatoriamente de cada caixa, determine a probabilidade de uma ser perfeita e a outra não.

    ( ) 13/30   ( ) 11/20

    ( ) 9/20   ( ) 11/30

    ( ) 7/30

11. Uma pessoa tem dois automóveis velhos. Nas manhãs frias, há 20% de chance de um deles não pegar e 30% de chance de o outro não pegar. Qual a probabilidade de, em uma manhã fria, apenas um pegar?

    ( ) 24/100   ( ) 52/100

    ( ) 14/100   ( ) 38/100

    ( ) 50/100

12. Uma fábrica de louças tem um processo de inspeção com 4 etapas. A probabilidade de uma peça defeituosa passar numa etapa sem ser detectada é de aproximadamente 20%. Determine, então, a probabilidade de uma peça defeituosa passar por todas as 4 etapas de inspeção sem ser detectada.

    ( ) 0,20%   ( ) 0,02%

    ( ) 0,0016% ( ) 0,80%

    ( ) 0,16%

13. Diferencie em que se baseia a estatística e em que se baseia o cálculo de probabilidades.

14. Quais as características dos fenômenos estudados em estatística?

capítulo 8

Distribuição binomial de probabilidades

Conteúdos do capítulo
- Aspectos da distribuição de probabilidades.
- Aspectos da distribuição binomial.
- Parâmetros da distribuição binomial.
- Aplicação da distribuição binomial.

Após o estudo deste capítulo, você será capaz de:
1. definir distribuição de probabilidades;
2. aplicar a distribuição binomial em casos práticos.

Distribuição de probabilidades

Na maioria dos problemas estatísticos, a amostra não é suficientemente grande para determinar a distribuição da população de maneira muito precisa. Contudo, há normalmente bastante informação na amostra, além da informação obtida de outras fontes, de modo a sugerir o tipo geral da distribuição da população correspondente. Combinando a experiência e a informação fornecidas pela amostra, podemos comumente convencionar a natureza geral da distribuição da população. Essa convenção leva ao que é conhecido como *distribuição de probabilidade* ou *distribuições teóricas* (Hoel, 1981).

> Uma distribuição de probabilidade é um modelo matemático para a distribuição real de frequências.

Em experimentos do tipo repetitivo (para os quais devemos construir um modelo de probabilidade) estamos geralmente interessados em uma propriedade particular da ocorrência do experimento. Por exemplo, no lançamento de três moedas, o interesse concentra-se no número total de caras ou de coroas que aparecem, porque é o que conta no jogo de moedas.

A quantidade escolhida para estudo em tal experimento será simbolizada pela letra x.

> Tratando-se de distribuição de probabilidade, a variável x é dita *variável aleatória*.

Com o objetivo de verificar como uma variável aleatória é introduzida num experimento simples, voltemos ao espaço amostral da experiência do lançamento de três moedas, já citado no Capítulo 7 e repetido a seguir.

Qual é a probabilidade de obtermos uma única cara em um lançamento de três moedas?

Considerando K = cara, C = coroa e sendo A = {deu uma única cara}, temos:

S = {KCC, KKC, KKK, CKC, CKK, CCK, CCC, KCK}

Então, P(A) = 3/8.

Vamos analisar esse exemplo com mais detalhes.

Se x for usado para significar o número total de caras, então cada ponto do espaço amostral possuirá o valor x mostrado logo acima do ponto correspondente, como representado a seguir.

```
  3     2     2     2     1     1     1     0   ←— variável x
  .     .     .     .     .     .     .     .
KKK   KKC   KCK   CKK   KCC   CKC   CCK   CCC
```

Observemos que a variável x pode assumir qualquer dos valores – 0, 1, 2 ou 3 –, mas nenhum outro valor. O valor da variável x só depende do ponto amostral particular escolhido. Isso significa que x é uma função dos pontos do espaço amostral.

Uma **variável aleatória** é aquela cujos valores são determinados por processos acidentais, ao acaso, que não estão sob o controle do observador. Ela pode ser denominada *discreta* ou *contínua*.

Para uma **variável aleatória discreta**, todos os possíveis valores da variável podem ser listados numa tabela com as probabilidades correspondentes. Os específicos modelos discretos de probabilidade que estudaremos são as distribuições de probabilidade binomial (neste capítulo) e a de Poisson (no Capítulo 9). Uma variável discreta representa características mensuráveis que só podem assumir um número finito ou infinito contável de valores inteiros. Alguns exemplos são número de filhos, número de portas de um imóvel, número de ônibus tomados por dia.

Para uma **variável aleatória contínua**, não podem ser listados todos os possíveis valores fracionários da variável. Dessa forma, as probabilidades determinadas por uma função matemática são retratadas, tipicamente, por uma função densidade ou por uma curva de probabilidade. Ela pode assumir qualquer valor numérico em um intervalo. Como exemplos, podemos citar medidas como peso, altura e temperatura. Nesse caso, estudaremos a distribuição normal de probabilidade (Capítulo 10) e a distribuição qui--quadrado (Capítulo 11). Uma variável contínua representa características mensuráveis que assumem valores em uma escala contínua, que podem ser inteiros ou fracionários. A altura, peso e idade são alguns exemplos.

Tanto a variável discreta quanto a variável contínua são denominadas de *variáveis quantitativas*.

Caso a variável não seja quantitativa, ela é qualitativa. Nesse caso, são variáveis cujas características não são mensuráveis e representam uma classificação por indivíduos. Elas se classificam em:

a) nominais, quando as categorias não estão ordenadas; alguns exemplos são sexo, cor da pele, cor dos olhos, fumante ou não fumante etc.;

b) ordinais, quando há uma ordenação entre as categorias; como exemplo, temos mês de observação, escolaridade, estado civil etc.

Não podemos esquecer, entretanto, que o fato de uma variável ser representada por números não significa que ela é necessariamente quantitativa. Exemplos disso são o CPF e o RG das pessoas.

Distribuição binomial

A distribuição binomial é uma distribuição discreta de probabilidade, aplicável sempre que o processo de amostragem é do tipo do de Bernoulli*. Um processo de Bernoulli é um processo de amostragem no qual:

a) em cada tentativa existem dois resultados possíveis e mutuamente exclusivos; eles são denominados, por conveniência, *sucesso* e *insucesso* (ou *fracasso*);

b) as séries de tentativas ou observações são constituídas de eventos independentes;

c) a probabilidade de sucesso, indicada por p, permanece constante de tentativa para tentativa; em outras palavras, o processo é estacionário.

Em geral, se p é a probabilidade de um evento acontecer em uma tentativa única, denominada *probabilidade de sucesso*, e q = 1 − p é a probabilidade de que o evento não ocorra em qualquer tentativa única, denominada *probabilidade de insucesso*, então a probabilidade de o evento ocorrer exatamente X vezes em N tentativas, isto é, de que haja X sucessos e N − X insucessos, é dada por:

$$P(X) = C_{N,X} \cdot p^X \cdot q^{N-X} = \frac{N!}{X!\,(N-X)!} \cdot p^X \cdot q^{N-X}$$

---

* Daniel Bernoulli (1700-1782) nasceu na Holanda, em Groningen, em uma família de grandes matemáticos. Obteve o bacharelado na Universidade de Basel, em 1715, e o mestrado em 1716.

O nome *binomial* se deve ao fato de que $C_{N,X} \cdot p^X \cdot q^{N-X}$ é o termo de ordem X em p no desenvolvimento do Binômio de Newton* $(q + p)^N$.

> Nessa fórmula, precisamos recordar dois conceitos da matemática que você já conhece: fatorial e combinação. Entretanto, não vamos perder tempo com teorias. Analisaremos alguns exemplos apenas para reativar e relembrar a prática.

Fatorial de um número N é representado por N! e é dado pela fórmula:

$N! = N \cdot (N-1) \cdot (N-2) \cdot (N-3) \cdot \ldots \cdot 1$

Então, vamos calcular o fatorial de 5.

$5! = 5 \cdot 4 \cdot 3 \cdot 2 \cdot 1$

$5! = 120$

Agora, vamos calcular o fatorial de 9.

$9! = 9 \cdot 8 \cdot 7 \cdot 6 \cdot 5 \cdot 4 \cdot 3 \cdot 2 \cdot 1$

$9! = 362\,880$

Um exemplo de variável binomial é o experimento que consiste no lançamento de uma moeda, no qual, em cada lance, podemos ter sucesso ou insucesso no resultado que desejamos.

Para o cálculo das combinações de N elementos tomados X a X, representado por $C_{N,X}$, já mostrado, basta utilizarmos a fórmula:

$$C_{N,X} = \frac{N!}{X!\,(N-X)!}$$

Agora, vamos calcular a combinação de cinco elementos tomados três a três. Veja.

$$C_{5,3} = \frac{5!}{3!\,(5-3)!} = \frac{5 \cdot 4 \cdot 3 \cdot 2 \cdot 1}{3 \cdot 2 \cdot 1\,(2 \cdot 1)} = \frac{120}{6 \cdot 2} = 10$$

E, para terminar, vamos calcular a combinação de oito elementos tomados cinco a cinco.

$$C_{8,5} = \frac{8!}{5!\,(8-5)!} = \frac{40\,320}{120 \cdot 6} = 56$$

---

* Isaac Newton (1642-1726) foi notável matemático, físico e astrônomo inglês.

Aplicação da distribuição binomial

Agora, após recordar um pouco de matemática, vamos analisar exemplos da distribuição binomial de probabilidades.

No primeiro, vamos determinar a probabilidade de ocorrer três vezes o número 6 em cinco lances de um dado honesto.

$P(X) = C_{5,3} \cdot p^3 \cdot q^{5-3}$

> Lembre-se: ao jogar um dado uma única vez, a probabilidade de ocorrer qualquer resultado é igual a 1/6. Então, p = 1/6. Consequentemente, a probabilidade de não ocorrer esse resultado é igual a 5/6, pois a probabilidade de sucesso somada à probabilidade de insucesso é igual a 1 (ou seja, 100%). Então, q = 5/6.

Vamos, então, à solução dessa situação.

$P(X) = \dfrac{5!}{3!\,(5-3)!} \cdot (1/6)^3 \cdot (5/6)^{5-3}$

$P(X) = 10 \cdot \dfrac{1}{216} \cdot \dfrac{25}{36}$

$P(X) = \dfrac{250}{7\,776}$

$P(X) = 0{,}03215$ ou $3{,}215\%$

Exercício resolvido

Verificou-se, em uma fábrica, que, em média, 10% dos parafusos produzidos por determinada máquina não satisfazem a certas especificações. Foram selecionados, ao acaso, 10 parafusos da produção diária dessa máquina. Determine a probabilidade de exatamente 3 deles serem defeituosos.

> Atenção: sucesso é ocorrer o que desejamos. No caso, desejamos que os parafusos selecionados sejam defeituosos. Portanto, na estatística o sucesso não é necessariamente a parte boa de um experimento. Então, p = 10% = 0,1 e q = 90% = 0,9.

$P(3 \text{ defeituosos}) = C_{10,3} \cdot (0{,}1)^3 \cdot (0{,}9)^7 = 120 \cdot 0{,}001 \cdot 0{,}4782969 = 0{,}0574$ ou $5{,}74\%$.

Parâmetros da distribuição binomial

Supomos uma variável aleatória x que pode assumir o valor 1, no caso de sucesso, e o valor 0, no caso de insucesso (ou fracasso).

Sendo p a probabilidade de sucesso $P(x = 1) = p$ e q a probabilidade de insucesso $P(x = 0) = q$, temos que $p + q = 1$.

Havíamos definido N como o número de tentativas, e X como o número de sucessos. Então, X pode assumir valores de 1 até N e
$E(X) = E(X_1) + E(X_2) + \ldots + E(X_N) = N \cdot p$

Como as tentativas são independentes (distribuição de Bernoulli), a variância de X é igual à soma das variâncias de $X_1, X_2, \ldots, X_N$. Logo:

$S^2 = N \cdot p \cdot q$ e $S = \sqrt{N \cdot p \cdot q}$

Média: .... $\overline{X} = E(x) = N \cdot p$

Variância: .... $S^2 = N \cdot p \cdot q$

Desvio padrão: .... $S = \sqrt{S^2}$

Coeficiente de assimetria: .... $As = \dfrac{q-p}{S}$

Coeficiente de curtose: .... $K = 3 + \dfrac{1 - 6 \cdot p \cdot q}{S}$

Vamos aplicar esses cálculos?

Em 100 lances de uma moeda honesta, qual é a média esperada de caras obtidas e qual o desvio padrão do experimento?

$X = 100 \cdot (1/2) = 50$

$S^2 = 100 \cdot (1/2) \cdot (1/2) = 25$

Então: $S = 5$

Portanto, a média é de 50 e o desvio padrão é de 5.

Observe novamente que, para a determinação de p e de q, supomos um único lançamento da moeda. Lembre que a moeda é honesta. Logo, a probabilidade de dar cara é a mesma probabilidade de dar coroa.

Exercícios resolvidos

1. Por causa das altas taxas de juros, uma empresa informa que 30% de suas contas a receber de outras empresas comerciais encontram-se vencidas. Considerando que um contador escolheu, aleatoriamente, uma amostra de 5 contas, determine a probabilidade de exatamente 20% dessas contas estarem vencidas.

   Importante lembrar que 20% das contas escolhidas é:

   20% de 5 = 0,20 · 5 = 1 (ou seja, queremos saber a chance de uma única conta estar vencida entre as cinco que foram escolhidas pelo contador).

   $$P(X) = C_{N,X} \cdot p^X \cdot q^{N-X} = \frac{N!}{X!\,(N-X)!} \cdot p^X \cdot q^{N-X}$$

   Lembre-se, também, de que 30% das contas estão vencidas.

   Como estamos tentando encontrar uma conta vencida, a probabilidade de sucesso é p = 30%, ou seja, p = 0,3. Logo, q = 0,7.

   Então:

   $$P(X = 1) = C_{5,1} \cdot 0{,}3^1 \cdot 0{,}7^{5-1}$$

   $$P(X = 1) = \frac{5!}{1!\,(5-1)!} \cdot 0{,}3 \cdot 0{,}2401$$

   $$P(X = 1) = 5 \cdot 0{,}3 \cdot 0{,}2401$$

   $$P(X = 1) = 0{,}36015 \text{ ou } 36{,}015\%$$

   RESPOSTA: A probabilidade de 20% das contas estarem vencidas é de 36,015%.

2. Uma firma de pedidos pelos correios enviou uma carta circular que tem uma taxa de respostas de 10%. Suponha que 20 cartas circulares são endereçadas a uma nova área geográfica, como um teste de mercado. Considerando que na nova área é aplicável a taxa de respostas

de 10%, determine a probabilidade, usando a fórmula de probabilidades binomiais, de apenas uma pessoa responder.

Como a probabilidade de resposta é de 10%, e o sucesso (o que queremos que aconteça) é que uma pessoa responda, p = 0,1, logo, q = 0,9.

A amostra é de 20 cartas. Então, N = 20.

Como queremos determinar a probabilidade de uma pessoa responder, X = 1.

$$P(X) = C_{N,X} \cdot p^X \cdot q^{N-X} = \frac{N!}{X!\,(N-X)!} \cdot p^X \cdot q^{N-X}$$

$$P(X) = C_{20,1} \cdot 0,1^1 \cdot 0,9^{20-1}$$

$$P(X = 1) = \frac{20!}{1!\,(20-1)!} \cdot 0,1 \cdot 0,135085171$$

P(X = 1) = 20 · 0,1 · 0,135085171

P(X = 1) = 0,27017 ou 27,017%

Resposta: A probabilidade de apenas uma pessoa responder é de 27,07%.

3. Durante um ano de referência, 70% das ações ordinárias negociadas na Bolsa de Valores do Rio de Janeiro tiveram sua cotação aumentada, enquanto 30% tiveram sua cotação diminuída ou estável. No começo do ano, um serviço de assessoria financeira qualificou 10 ações como especialmente recomendadas. Se as 10 ações representam uma seleção aleatória, segundo a fórmula de probabilidades binomiais, qual é a probabilidade de que as cotações de todas as 10 escolhidas tenham aumentado?

Foram escolhidas 10 ações. Então, N = 10.

Desejamos que as 10 tenham tido sucesso, ou seja, aumentaram suas cotações. Então, X = 10.

A probabilidade de sucesso é de 70%, logo p = 0,7, em consequência q = 0,3.

$$P(X) = C_{N,X} \cdot p^X \cdot q^{N-X} = \frac{N!}{X!\,(N-X)!} \cdot p^X \cdot q^{N-X}$$

$$P(X = 10) = C_{10,10} \cdot 0{,}7^{10} \cdot 0{,}3^{10-10}$$

$$P(X = 10) = \frac{10!}{10!\,(10-10)!} \cdot 0{,}028248 \cdot 1$$

> O fatorial de zero, por definição, é igual a 1.
>
> Qualquer número real elevado a zero é igual a 1.

$P(X = 10) = 1 \cdot 0{,}028248 \cdot 1$

$P(X = 10) = 0{,}028248$ ou $2{,}8248\%$

Resposta: A chance de as dez ações escolhidas terem, todas elas, suas cotações aumentadas é de 2,8248%.

Síntese

Neste capítulo, definimos a distribuição de probabilidades e construímos com você, por meio de uma série de aplicações, a competência na aplicação da distribuição binomial. Para isso, foi necessário fazer vários cálculos, descrevendo situações diversas de aplicação, e verificar os parâmetros da distribuição binomial com suas respectivas equações matemáticas: média, variância, desvio padrão, coeficiente de assimetria e coeficiente de curtose.

Questões para revisão

Nos exercícios a seguir, assinale a alternativa correta.

1. Verifica-se em uma fábrica que, em média, 10% dos parafusos produzidos por determinada máquina não satisfazem a certas especificações. Se forem selecionados, ao acaso, 8 parafusos da produção diária dessa

máquina, usando a fórmula de probabilidades binomiais, qual será a probabilidade de nenhum deles ser defeituoso?

( ) 0,431% ( ) 43,05% ( ) 64,98%

( ) 4,305% ( ) 6,498%

2. Em um concurso realizado para trabalhar em determinada empresa de exportação, 10% dos candidatos foram aprovados. Se escolhermos, aleatoriamente, 10 candidatos desse concurso, qual será a probabilidade de que exatamente 2 deles tenham sido aprovados?

( ) 0,43% ( ) 43% ( ) 19,37%

( ) 4,3% ( ) 0,1937%

3. Em determinada turma de uma universidade, em 2006, 20% dos alunos foram reprovados em Matemática Comercial e Financeira. Se escolhermos, aleatoriamente, 8 alunos dessa turma, será a probabilidade de exatamente 3 desses alunos terem sido reprovados?

( ) 32,77% ( ) 16,39% ( ) 7,32%

( ) 0,8% ( ) 14,68%

4. Qual a probabilidade de obtermos exatamente 5 coroas em 6 lances de uma moeda não viciada?

( ) 9,375% ( ) 15,625% ( ) 4,375%

( ) 1,5625% ( ) 10,9375%

5. Em certo ano, 30% dos alunos de determinada faculdade de Medicina do Estado de São Paulo foram reprovados em Clínica Geral. Se escolhermos, aleatoriamente, 10 alunos dessa universidade que tenham cursado Clínica Geral, qual será a probabilidade de exatamente 3 deles terem sido reprovados?

( ) 14,68% ( ) 26,68% ( ) 10,94%

( ) 2,7% ( ) 8,24%

6. Defina o que é uma distribuição de probabilidades.

7. O que é uma variável aleatória?

capítulo 9

Distribuição de Poisson de probabilidades

Conteúdos do capítulo

- Conceituação da distribuição de Poisson.
- Aplicação da distribuição de Poisson.
- Parâmetros da distribuição de Poisson.

Após o estudo deste capítulo, você será capaz de:

1. definir a distribuição de Poisson;
2. aplicar em casos práticos a distribuição de Poisson.

Distribuição de Poisson*

A distribuição de Poisson pode ser usada para determinar a probabilidade de um número de sucessos quando os eventos ocorrem em um *continuum*** de tempo ou espaço. Tal processo, chamado *processo de Poisson*, é similar ao processo de Bernoulli. A diferença é que no processo de Poisson os eventos ocorrem em um *continuum* em vez de de ocorrerem em tentativas ou observações fixadas. Um exemplo de tal processo é a chegada de chamadas telefônicas em uma central. Tal como no caso de Bernoulli, supomos que os eventos são independentes e que o processo é estacionário.

Somente um valor é necessário para determinar a probabilidade de dado número de sucessos em um processo de Poisson: o número médio de sucessos para a específica dimensão de interesse. Esse número médio é geralmente representado por λ (lambda)*** ou por μ (mu). A fórmula para determinar a probabilidade de um número X de sucessos em uma distribuição de Poisson é:

$$P(X \mid \lambda) = \frac{\lambda^X \cdot e^{-\lambda}}{X!}$$

em que **e** é a constante 2,71828... e a base do logaritmo natural (neperiano). Os valores de $e^{-\lambda}$ podem ser obtidos na Tabela 9.1 (a seguir). A representação da P(X | λ), lê-se a probabilidade de acontecer X tal que a média conhecida é λ.

---

* Denis Poisson (1781-1840) foi um matemático francês.

** Série longa de elementos, em determinada sequência, em que cada um difere minimamente do elemento subsequente, daí resultando diferença acentuada entre os elementos iniciais e finais da sequência (Dicionário Eletrônico Houaiss da Língua Portuguesa).

*** λ é a letra grega minúscula que corresponde à letra *l* do nosso alfabeto.

Caso não tenhamos acesso a uma tabela com os valores de $e^{-\lambda}$, é necessário dispor de uma calculadora científica que permita determiná-los.

> Até agora, temos representado a média ou média aritmética por $\overline{X}$. No entanto, para o estudo das distribuições de Poisson, passaremos a representá-la por λ.

Tabela 9.1 – Valores de $e^{-\lambda}$ para alguns valores de λ

λ	$e^{-\lambda}$	λ	$e^{-\lambda}$
0,0	1,0000000	2,5	0,0820850
0,1	0,9048374	2,6	0,0742736
0,2	0,8187308	2,7	0,0672055
0,3	0,7408182	2,8	0,0608101
0,4	0,6703200	2,9	0,0550232
0,5	0,6065307	3,0	0,0497871
0,6	0,5488116	3,2	0,0407622
0,7	0,4965853	3,4	0,0333733
0,8	0,4493290	3,6	0,0273237
0,9	0,4065697	3,8	0,0223708
1,0	0,3678794	4,0	0,0183156
1,1	0,3328711	4,2	0,0149956
1,2	0,3011942	4,4	0,0122773
1,3	0,2725318	4,6	0,0100518
1,4	0,2465970	4,8	0,0082297
1,5	0,2231302	5,0	0,0067379
1,6	0,2018965	5,5	0,0040868
1,7	0,1826835	6,0	0,0024788
1,8	0,1652989	6,5	0,0015034
1,9	0,1495686	7,0	0,0009119
2,0	0,1353353	7,5	0,0005531
2,1	0,1224564	8,0	0,0003355
2,2	0,1108032	8,5	0,0002035
2,3	0,1002588	9,0	0,0001234
2,4	0,0907180	10,0	0,0000454

Aplicação da distribuição de Poisson

Para esclarecermos esse assunto, nada melhor do que resolvermos alguns casos:

1º) Se um departamento de conserto de máquinas recebe em média 5 chamadas por hora, qual é a probabilidade de que, em uma hora, selecionadas aleatoriamente, sejam recebidas exatamente 3 chamadas?

$$P(X = 3 \mid \lambda = 5) = \frac{5^3 \cdot e^{-5}}{3!}$$

Lembre-se de verificar na Tabela 9.1 o valor de e^{-5}.

$$P(X = 3 \mid \lambda = 5) = \frac{125 \cdot 0,00674}{6} = 0,1404 \text{ ou } 14,04\%$$

Portanto, a probabilidade é de 14,04%.

2º) Se, em uma experiência de laboratório passam, em média, em um contador de partículas 4 partículas radioativas por milissegundo, qual é a probabilidade de entrarem no contador 6 partículas radioativas em determinado milissegundo?

A média conhecida é igual a 4, ou seja: $\lambda = 4$

$$P(X = 6 \mid \lambda = 4) = \frac{\lambda^X \cdot e^{-\lambda}}{X!} = \frac{4^6 \cdot e^{-4}}{6!} = \frac{4096 \cdot 0,01832}{720} = 0,10422 \text{ ou } 10,422\%$$

A probabilidade é de 10,422%.

3º) Considerando que nos sinais de um transmissor ocorrem distorções aleatórias a uma taxa média de 1 por minuto, e as mensagens têm, em média, 3 minutos, ou seja, a ocorrência de distorção é de 3 por mensagem, qual é a probabilidade de o número de distorções em uma mensagem de 3 minutos ser igual a 2, utilizando a fórmula de Poisson?

Como, em média, ocorre 1 distorção a cada minuto, em 3 minutos (tempo da mensagem) deverão ocorrer 3 distorções. Então, $\lambda = 3$.

$$P(X = 2 \mid \lambda = 3) = \frac{\lambda^X \cdot e^{-\lambda}}{X!} = \frac{3^2 \cdot e^{-3}}{2!} = \frac{9 \cdot 0,04979}{2} = 0,2241 \text{ ou } 22,41\%$$

Logo, a probabilidade é de 22,41%.

4º) Em média, 4 pessoas utilizam, por hora, determinado telefone público. O aparelho, quando apresenta algum problema, é reparado após uma hora da comunicação do defeito. Qual é a probabilidade de que somente o reclamante (supondo que ele foi o primeiro a constatar o defeito) não possa usar o telefone por causa da falha apresentada?

A média conhecida é $\lambda = 4$ (4 pessoas por hora utilizam determinado telefone público). Queremos conhecer a probabilidade de apenas 1 pessoa utilizar tal telefone em determinada hora ($X = 1$).

$$P(X = 1 \mid \lambda = 4) = \frac{\lambda^X \cdot e^{-\lambda}}{X!} = \frac{4^1 \cdot e^{-4}}{1!} = \frac{4 \cdot 0{,}01832}{1} = 0{,}07328 \text{ ou } 7{,}328\%$$

Aqui a probabilidade é de 7,328%.

5º) Considere que, em média, um digitador comete 3 erros a cada 6 000 toques. Qual é a probabilidade de que, na digitação de um importante relatório, composto de 2 000 toques, não ocorram erros?

Como são cometidos, em média, 3 erros a cada 6 000 toques, para 2 000 toques é esperado apenas 1 erro (aplicando-se a regra de três simples).

Então, $\lambda = 1$ (para 2 000 toques).

Queremos determinar a probabilidade de não ocorrerem erros, ou seja, $X = 0$.

$$P(X = 0 \mid \lambda = 1) = \frac{1^0 \cdot e^{-1}}{0!} = \frac{1 \cdot 0{,}36788}{1} = 0{,}36788 \text{ ou } 36{,}788\%$$

Portanto, a probabilidade de erros é de 36,788%.

Exercício resolvido

1. A cada 10 dias chegam, em média, 30 navios a determinada doca. Qual é a probabilidade de que, em 1 dia, aleatoriamente escolhido, cheguem à doca exatamente 4 navios?

   Como a cada 10 dias chegam, em média, 30 navios, em 1 dia espera-se que cheguem 3 navios (por regra de três simples), ou seja: $\lambda = 3$.

$$P(X=4 \mid \lambda = 3) = \frac{3^4 \cdot e^{-3}}{4!} = \frac{81 \cdot 0{,}04979}{24} = 0{,}1680 \text{ ou } 16{,}80\%$$

RESPOSTA: A probabilidade da chegada de 4 navios é de 16,80%.

Parâmetros da distribuição de Poisson

Observe que, quando uma variável aleatória x admite distribuição binomial com o número N de tentativas muito grande (N > 30) e com a probabilidade p de sucesso muito pequena, o uso da fórmula $P(X) = C_{N,X} \cdot p^X \cdot q^{N-X}$ torna-se praticamente inviável (Silva, 1997).

Nessas condições, o valor de P(X) é aproximadamente igual a $\dfrac{e^{-\lambda} \cdot \lambda^X}{X!}$, em que $\lambda = N \cdot p$ (mesma média da distribuição binomial).

Média: .... $\lambda = N \cdot p$

Variância: .... $S^2 = N \cdot p \cdot q$

Desvio padrão: .... $S = \sqrt{S^2}$

Coeficiente de assimetria: .... $As = 1/S$

Coeficiente de curtose: .... $K = 3 + 1/S^2$

Vamos aplicar esses parâmetros?

Consideremos que a probabilidade de um indivíduo sofrer uma reação alérgica resultante da injeção de determinado soro é igual a 0,001. Vamos determinar, então, a probabilidade de, entre 2 000 indivíduos, exatamente 3 sofrerem a mesma reação alérgica.

Seja X = {indivíduo sofre reação alérgica}

$$P(X \mid \lambda) = \frac{\lambda^X \cdot e^{-\lambda}}{X!}$$

Observe que a média não foi fornecida. Portanto, para aplicarmos Poisson, precisamos calculá-la.

Temos que:

$\lambda = N \cdot p = \lambda = 2\,000 \cdot 0{,}001 = 2$

Logo:

$$P(X = 3 \mid \lambda = 2) = \frac{2^3 \cdot e^{-2}}{3!} = \frac{8 \cdot 0{,}13534}{6} = 0{,}1805 \text{ ou } 18{,}05\%$$

Logo, a probabilidade é de 18,05%.

Exercícios resolvidos

1. A probabilidade da ocorrência de morte por Aids entre os habitantes de determinada comunidade é de 0,002 por ano. Uma empresa de seguros forma um contrato coletivo com essa comunidade, que tem 5 000 habitantes. Nesse contexto, qual é a probabilidade de que 5 habitantes desse grupo morram de Aids no primeiro ano de existência da apólice?

   A média de mortalidade não foi fornecida. Precisamos calculá-la.

   $\lambda = N \cdot p = 5\,000 \cdot 0{,}002 = 10$

   Logo:

   $$P(X = 5 \mid \lambda = 10) = \frac{10^5 \cdot e^{-10}}{5!} = \frac{100\,000 \cdot 0{,}00005}{120} = 0{,}04167 \text{ ou } 4{,}167\%$$

   Resposta: A probabilidade é de 4,167%.

2. Uma companhia de seguros está considerando a inclusão da cobertura de uma doença relativamente rara na área geral de seguros médicos. Sabe-se que a probabilidade de que um indivíduo, selecionado aleatoriamente, venha a contrair a doença é 0,001 e que 3 000 pessoas estão incluídas no grupo segurado. Sendo assim, qual é o número esperado de pessoas do grupo que terão a doença? Qual é a probabilidade de que nenhuma das 3 000 pessoas do grupo contraia a doença?

   A média esperada (número esperado de pessoas que terão a doença) é:

   $\lambda = N \cdot p = 3\,000 \cdot 0{,}001 = 3$

   Portanto, significa que o número esperado de pessoas que terão a doença é de 3.

Logo:

$$P(X=0 \mid \lambda = 3) = \frac{3^0 \cdot e^{-3}}{0!} = \frac{1 \cdot 0{,}04979}{1} = 0{,}04979 \text{ ou } 4{,}979\%$$

Resposta: A probabilidade de nenhuma contrair a doença é de 4,979%.

3. A probabilidade de uma pessoa sofrer intoxicação alimentar em dada lanchonete é de 0,001. Determine a probabilidade de que, das 1 000 pessoas que frequentam essa lanchonete por dia, exatamente duas se intoxiquem.

A média esperada de intoxicação é:

$\lambda = N \cdot p = 1\,000 \cdot 0{,}001 = 1$

Logo:

$$P(X=2 \mid \lambda = 1) = \frac{1^2 \cdot e^{-1}}{2!} = \frac{1 \cdot 0{,}36788}{2} = 0{,}18394 \text{ ou } 18{,}394\%$$

Resposta: Portanto, a probabilidade é de 18,394%.

Síntese

Neste capítulo, tratamos especificamente da definição e aplicação da distribuição de Poisson. Tal distribuição, elaborada pelo matemático francês Denis Poisson, serve para verificar as probabilidades em eventos que ocorrem em movimento contínuo, ao contrário da distribuição binomial (desenvolvida por Bernoulli), a qual se baseia em observações fixas. Os parâmetros referem-se aos mesmos fenômenos, em ambas, isto é: média, variância, desvio padrão, coeficiente de assimetria e coeficiente de curtose.

Questões para revisão

Assinale a alternativa correta nos exercícios a seguir.

1. Na fabricação de resistores de 50 ohms, são considerados bons os que têm resistência entre 45 e 55 ohms. Sabe-se que a probabilidade de um deles ser defeituoso é 0,2% e que são vendidos em lotes de 1 000

unidades. Nesse caso, qual é a probabilidade de 1 resistor ser defeituoso em um lote?

( ) 13,534%   ( ) 27,068%   ( ) 0,271%

( ) 6,767%   ( ) 0,135%

2. A probabilidade de uma pessoa sofrer reação alérgica resultante da injeção de determinado soro é de 0,0002. Sabendo disso, determine a probabilidade de, entre 5 000 pessoas, exatamente 3 sofrerem a mesma reação alérgica.

( ) 36,788%   ( ) 13,534%   ( ) 0,674%

( ) 0,833%   ( ) 6,13%

3. Em média, 8 pessoas por dia consultam um especialista em decoração de determinada fábrica. Qual é a probabilidade de que, em 1 dia selecionado aleatoriamente, exatamente 3 pessoas façam tal consulta?

( ) 2,90%   ( ) 14,66%   ( ) 58,02%

( ) 29,01%   ( ) 5,80%

4. Um departamento de conserto de máquinas recebe, em média, 4 chamadas por hora. Qual é a probabilidade de que, em uma hora, selecionada aleatoriamente, sejam recebidas exatamente 2 chamadas?

( ) 1,83%   ( ) 7,33%   ( ) 18,30%

( ) 14,66%   ( ) 3,66%

5. Em Tóquio, ocorrem, em média, 6 suicídios por mês. Calcule a probabilidade de, em 1 mês, selecionado aleatoriamente, ocorrer exatamente 2 suicídios.

( ) 0,74%   ( ) 8,93%   ( ) 4,46%

( ) 7,44%   ( ) 44,64%

6. Defina a utilização da distribuição de Poisson.

7. Quantos valores são necessários para determinar a probabilidade de dado número de sucessos em um processo de Poisson?

… capítulo 10

Distribuição normal
de probabilidades

Conteúdos do capítulo

- Conceituação e características da distribuição normal.
- Aplicação da distribuição normal.
- Parâmetros da distribuição normal.

Após o estudo deste capítulo, você será capaz de:
1. definir distribuição normal de probabilidades;
2. aplicar a distribuição normal de probabilidades em situações concretas.

Distribuição normal

A distribuição normal de probabilidade é uma distribuição de probabilidade contínua que é simétrica em relação à média e mesocúrtica e assíntota em relação ao eixo das abscissas, em ambas as direções. A curva que representa a distribuição normal de probabilidade é frequentemente descrita em forma de sino, sendo também conhecida como *curva de Gauss** (ver no Gráfico 10.1).

Inicialmente, supunha-se que todos os fenômenos da vida real devessem ajustar-se a uma curva em forma de sino; caso contrário, suspeitava-se de alguma anormalidade no processo de coleta de dados. Daí a designação *curva normal* (Farias; Soares; Cesar, 2003).

Gráfico 10.1 – Curva representativa da distribuição normal de probabilidade

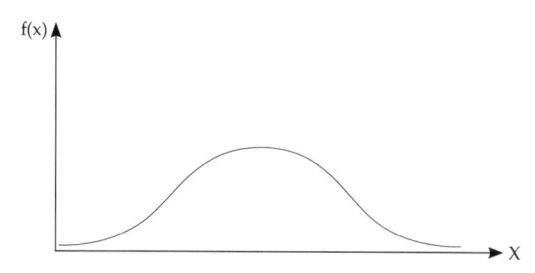

---

* Johann Carl Friedrich Gauss (1777-1855) foi um famoso matemático, astrônomo e físico alemão, era conhecido como o *Príncipe dos matemáticos*.

A distribuição de probabilidade normal é importante na inferência estatística por três razões:

a) as medidas produzidas em diversos processos aleatórios seguem essa distribuição;

b) as probabilidades normais podem ser usadas frequentemente como aproximações de outras distribuições de probabilidade, tais como a binomial e a de Poisson;

c) as distribuições de estatísticas da amostra, tais como a média e a proporção, frequentemente seguem a distribuição normal independentemente da distribuição da população.

Como para qualquer distribuição contínua de probabilidade, o valor da probabilidade somente pode ser determinado para um intervalo de valores da variável.

A altura da função densidade (ou curva de probabilidade) para uma variável normalmente distribuída é dada por:

$$f(X) = \frac{1}{S \cdot \sqrt{2 \cdot \pi}} \cdot e^{-\frac{1}{2}\left(\frac{X-\lambda}{S}\right)^2}$$

em que:

f(X) = variável dependente

X = variável independente

λ = média

S = desvio padrão da distribuição

e = 2,71828... (base do sistema de logaritmos neperianos)

π = 3,14159...

Observe que representamos a média (ou média aritmética) pela letra λ.

Uma vez que cada combinação de λ e de S geraria uma distribuição normal de probabilidade diferente (todas simétricas e mesocúrticas), as tabelas de probabilidades da normal são baseadas em uma distribuição normal de probabilidade com $\lambda = 0$ e $S = 1$.

Qualquer conjunto de valores X normalmente distribuídos pode ser convertido em valores normais z padronizados pelo uso da fórmula:

$$z = \frac{X - \lambda}{S}$$

A Tabela 10.1 indica as proporções de área para vários intervalos de valores para a distribuição de probabilidade normal padronizada, com a fronteira inferior do intervalo começando sempre na média. A conversão dos valores dados da variável X em valores padronizados torna possível o uso dessa tabela e desnecessário o uso da equação de densidade de qualquer distribuição normal dada.

Tabela 10.1 – Áreas de uma distribuição normal padrão*

Z	0,00	0,01	0,02	0,03	0,04	0,05	0,06	0,07	0,08	0,09
0,0	0,0000	0,0040	0,0080	0,0120	0,0160	0,0199	0,0239	0,0279	0,0319	0,0359
0,1	0,0398	0,0438	0,0478	0,0517	0,0557	0,0596	0,0636	0,0675	0,0714	0,0753
0,2	0,0793	0,0832	0,0871	0,0910	0,0948	0,0987	0,1026	0,1064	0,1103	0,1141
0,3	0,1179	0,1217	0,1255	0,1293	0,1331	0,1368	0,1406	0,1443	0,1480	0,1517
0,4	0,1554	0,1591	0,1628	0,1664	0,1700	0,1736	0,1772	0,1808	0,1844	0,1879
0,5	0,1915	0,1950	0,1985	0,2019	0,2054	0,2088	0,2123	0,2157	0,2190	0,2224
0,6	0,2257	0,2291	0,2324	0,2357	0,2389	0,2422	0,2454	0,2486	0,2517	0,2549
0,7	0,2580	0,2611	0,2642	0,2673	0,2704	0,2734	0,2764	0,2794	0,2823	0,2852
0,8	0,2881	0,2910	0,2939	0,2967	0,2995	0,3023	0,3051	0,3078	0,3106	0,3133
0,9	0,3159	0,3186	0,3212	0,3238	0,3264	0,3289	0,3315	0,3340	0,3365	0,3389
1,0	0,3413	0,3448	0,3461	0,3485	0,3508	0,3531	0,3534	0,3577	0,3599	0,3621
1,1	0,3643	0,3665	0,3686	0,3708	0,3729	0,3749	0,3770	0,3790	0,3810	0,3830
1,2	0,3849	0,3869	0,3888	0,3907	0,3925	0,3944	0,3962	0,3980	0,3997	0,4015
1,3	0,4032	0,4049	0,4066	0,4082	0,4099	0,4115	0,4131	0,4147	0,4162	0,4177

(continua)

* Cada casa na tabela dá a proporção sob a curva inteira entre z = 0 e um valor positivo de z. As áreas para os valores de z negativos são obtidas por simetria.

(Tabela 10.1 – conclusão)

1,4	0,4192	0,4207	0,4222	0,4236	0,4251	0,4265	0,4279	0,4292	0,4306	0,4319
1,5	0,4332	0,4345	0,4357	0,4370	0,4382	0,4394	0,4406	0,4418	0,4429	0,4441
1,6	0,4452	0,4463	0,4474	0,4484	0,4495	0,4505	0,4515	0,4525	0,4535	0,4545
1,7	0,4554	0,4564	0,4573	0,4582	0,4591	0,4599	0,4608	0,4616	0,4625	0,4633
1,8	0,4641	0,4649	0,4656	0,4664	0,4671	0,4678	0,4686	0,4693	0,4699	0,4703
1,9	0,4713	0,4719	0,4726	0,4732	0,4738	0,4744	0,4750	0,4756	0,4761	0,4767
2,0	0,4772	0,4778	0,4783	0,4788	0,4793	0,4798	0,4803	0,4808	0,4812	0,4817
2,1	0,4821	0,4826	0,4830	0,4834	0,4838	0,4842	0,4846	0,4850	0,4854	0,4857
2,2	0,4861	0,4864	0,4868	0,4871	0,4875	0,4878	0,4881	0,4884	0,4887	0,4890
2,3	0,4893	0,4896	0,4898	0,4901	0,4904	0,4906	0,4909	0,4911	0,4913	0,4916
2,4	0,4918	0,4920	0,4922	0,4925	0,4927	0,4929	0,4931	0,4932	0,4934	0,4936
2,5	0,4938	0,4940	0,4941	0,4943	0,4945	0,4946	0,4948	0,4949	0,4951	0,4952
2,6	0,4953	0,4955	0,4956	0,4957	0,4959	0,4960	0,4961	0,4962	0,4963	0,4964
2,7	0,4965	0,4966	0,4967	0,4968	0,4969	0,4970	0,4971	0,4972	0,4973	0,4974
2,8	0,4974	0,4975	0,4976	0,4977	0,4977	0,4978	0,4979	0,4979	0,4980	0,4981
2,9	0,4981	0,4982	0,4982	0,4983	0,4984	0,4984	0,4985	0,4985	0,4986	0,4986
3,0	0,4987	0,4987	0,4987	0,4988	0,4988	0,4989	0,4989	0,4989	0,4990	0,4990
3,1	0,9990	0,9991	0,9991	0,9991	0,9992	0,9992	0,9992	0,9992	0,9993	0,9993
3,2	0,9993	0,9993	0,9994	0,9994	0,9994	0,9994	0,9994	0,9995	0,9995	0,9995
3,3	0,9995	0,9995	0,9995	0,9996	0,9996	0,9996	0,9996	0,9996	0,9996	0,9997
3,4	0,9997	0,9997	0,9997	0,9997	0,9997	0,9997	0,9997	0,9997	0,9997	0,9998
3,5	0,9998	0,9998	0,9998	0,9998	0,9998	0,9998	0,9998	0,9998	0,9998	0,9998
3,6	0,9998	0,9998	0,9999	0,9999	0,9999	0,9999	0,9999	0,9999	0,9999	0,9999
3,7	0,9999	0,9999	0,9999	0,9999	0,9999	0,9999	0,9999	0,9999	0,9999	0,9999
3,8	0,9999	0,9999	0,9999	0,9999	0,9999	0,9999	0,9999	0,9999	0,9999	0,9999
3,9	1,0000	1,0000	1,0000	1,0000	1,0000	1,0000	1,0000	1,0000	1,0000	1,0000

Distribuição normal de probabilidades

Aplicação da distribuição normal

Vamos, agora, conferir por meio de um exemplo prático a distribuição de probabilidade padronizada?

Sabemos que a vida útil de determinado componente elétrico segue uma distribuição normal com média $\lambda = 2\,000$ horas e desvio padrão $S = 200$ horas. Qual é a probabilidade de que um componente elétrico, aleatoriamente selecionado, dure entre 2 000 e 2 400 horas?

Gráfico 10.2 – Curva de probabilidade para vida útil do componente

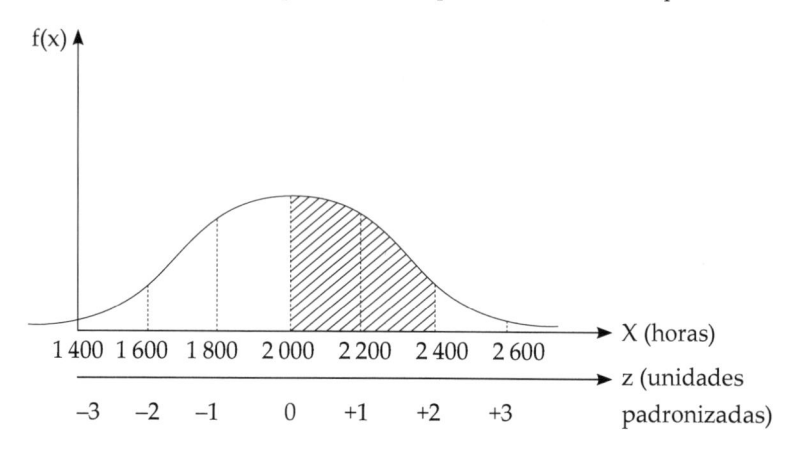

f(x)

| 1 400 | 1 600 | 1 800 | 2 000 | 2 200 | 2 400 | 2 600 | X (horas) |
| -3 | -2 | -1 | 0 | +1 | +2 | +3 | z (unidades padronizadas) |

O Gráfico 10.2 retrata a curva de probabilidade (função densidade) para esse problema e indica, também, a relação entre a escala de horas X e a escala da normal padronizada z.

Observe a área sob a curva correspondente ao intervalo de 2 000 a 2 400 horas.

A fronteira inferior do intervalo está na média da distribuição e, portanto, está no valor z = 0. A fronteira superior do intervalo, em termos de valor de z, é:

$$z = \frac{X - \lambda}{S} = \frac{2\,400 - 2\,000}{200} = +2,0$$

De acordo com a Tabela 10.1, verificamos que:

$P(0 \leq z \leq +2,0) = 0,4772$

Portanto:

$P(2\,000 \leq X \leq 2\,400) = 0,4772$ ou 47,72 %.

Essa é a expectativa de vida útil do componente.

O que isso significa? Significa que a área limitada pela curva e pelo eixo horizontal X, para valores de z, variando de 0 até +2, corresponde a 47,72% da área total.

É claro que nem todos os problemas envolvem intervalos em que a média é a fronteira inferior. Contudo, a tabela de áreas de uma distribuição normal padrão pode ser usada para determinar o valor de probabilidade associado com qualquer intervalo dado, tanto por adição ou subtração apropriadas de áreas quanto pelo reconhecimento de que a curva é simétrica.

Agora, com respeito aos componentes elétricos descritos no caso analisado, suponhamos uma segunda situação: desejamos conhecer a probabilidade de um componente, aleatoriamente escolhido, durar mais do que 2 200 horas.

Observe que o ponto em que z = 0 corresponde à metade da curva normal. Logo, a proporção total da área à direita da média no Gráfico 10.3 é igual a 0,5000, 50% da área total. Portanto, se determinarmos a proporção entre a média e 2 200, podemos subtrair esse valor de 0,5 para obtermos a probabilidade de que as horas X sejam maiores do que 2 200.

Gráfico 10.3 – Curva de probabilidade para componente com mais de 2 200 horas de vida útil

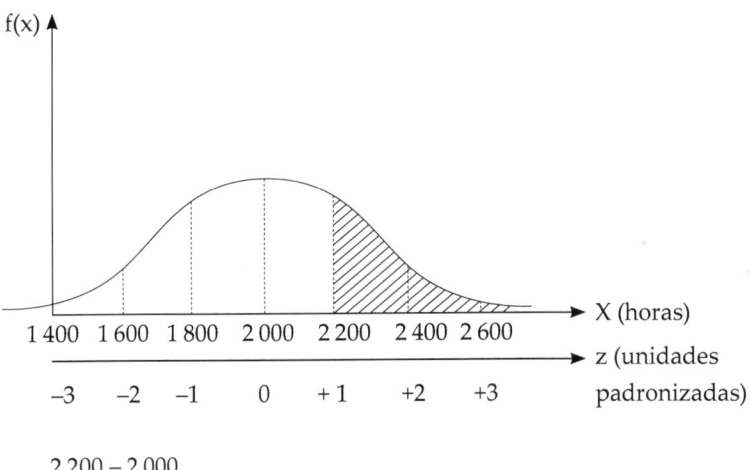

$$z = \frac{2\,200 - 2\,000}{200} = +1,0$$

P(0 ≤ z ≤ +1,0) = 0,3413

P(z > +1,0) = 0,5000 − 0,3413 = 0,1587

Portanto:

P(X > 2 200) = 0,1587 ou 15,87%.

Assim, a probabilidade de o componente durar mais de 2 200 horas é de 15,87%.

Parâmetros da distribuição normal

Média: .... $\lambda = N \cdot p$

Variância: .... $S^2 = N \cdot p \cdot q$

Desvio padrão: .... $S = \sqrt{S^2}$

Coeficiente de assimetria: .... $As = 0$

Coeficiente momento de curtose: .... $Km = 3$

Coeficiente percentílico de curtose: .... $Kp \cong 0{,}263$

Vamos aplicar esses parâmetros em situações concretas para melhor entendimento.

1º) Considerando que os pesos dos alunos de determinada escola têm uma distribuição normal com média de 50 kg e desvio padrão de 5 kg, vamos verificar qual a porcentagem de alunos dessa escola com peso:

a) abaixo de 45 kg;

b) acima de 60 kg;

c) entre 48 kg e 58 kg.

Vamos começar calculando quantos alunos têm peso abaixo de 45 kg.

Para melhor visualizarmos o problema, é sempre recomendável que façamos o gráfico correspondente (Gráfico 10.4).

Gráfico 10.4 – Curva de probabilidade para porcentagem de alunos x peso

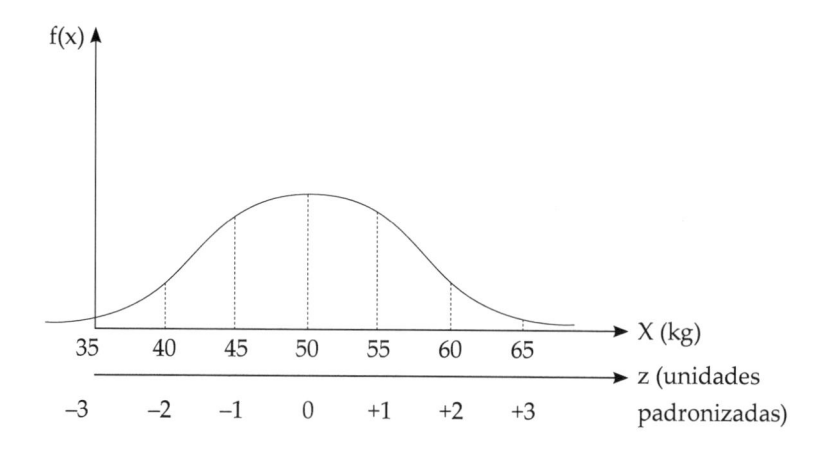

Como estamos interessados em todos os alunos abaixo de 45 kg, desejamos saber qual é a área abaixo da curva e à esquerda de 45 kg.

Então, para X = 45, temos:

$$z = \frac{X - \lambda}{S} = \frac{45 - 50}{5} = -1,0$$

$P(-1 \leq z \leq 0) = 0,3413$

$P(z < -1,0) = 0,5000 - 0,3413 = 0,1587$

Portanto:

$P(X < 45) = 0,1587$ ou 15,87 %.

Vamos calcular agora o percentual de alunos que têm mais de 60 kg, ou seja, $X \geq 60$.

$$z = \frac{X - \lambda}{S} = \frac{60 - 50}{5} = +2,0$$

$P(0 \leq z \leq +2,0) = 0,4772$

Portanto:

$P(50 \leq X \leq 60) = 0,4772$ ou 47,72 %

Então, acima de 60 kg temos:

$P(X > 60) = 50\ \% - 47,72\ \% = 2,28\ \%$

Vamos verificar, então, quantos alunos pesam entre 48 kg e 58 kg.

Para X = 48, temos:

$$z = \frac{X - \lambda}{S} = \frac{48 - 50}{5} = -0,4$$

Para X = 58, temos:

$$z = \frac{X - \lambda}{S} = \frac{58 - 50}{5} = +1,6$$

> **IMPORTANTE!** Toda análise deve ser feita a partir da média, ou seja, a partir de z igual a zero.

Estamos interessados em saber o percentual abaixo da curva entre os valores de:

$z = -0,4$ e $z = +1,6$.

Então:

$P(-0,4 \leq z \leq 0) = 0,1554$

Portanto:

$P(48 \leq X \leq 50) = 0,1554$ ou $15,54\%$

e $P(0 \leq z \leq 1,6) = 0,4452$

Portanto:

$P(50 \leq X \leq 58) = 0,4452$ ou $44,52\%$

Somando os dois intervalos, temos:

$P(48 \leq X \leq 58) = 0,1554 + 0,4452 = 0,6006$ ou $60,06\%$ dos alunos.

2º) Vamos analisar cinco curvas de distribuição normal que tenham diferentes valores de média e de desvio padrão (ver no Gráfico 10.5).

Gráfico 10.5 – Cinco curvas de distribuição normal

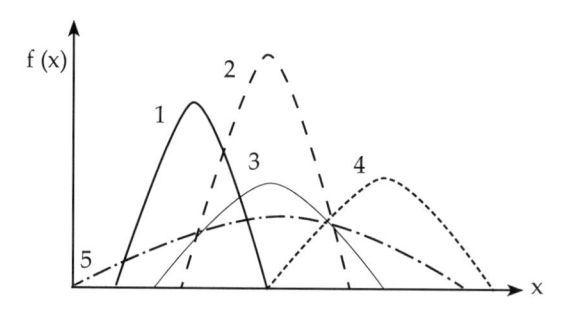

──────── Média = μ_1 e desvio padrão = σ_1
— — — — Média = μ_2 e desvio padrão = σ_2
──────── Média = μ_3 e desvio padrão = σ_3
- - - - - - - Média = μ_4 e desvio padrão = σ_4
.—..—..— Média = μ_5 e desvio padrão = σ_5

Observe que no eixo horizontal estamos representando a variável X e no eixo vertical estamos representando f(X).

Podemos estabelecer as seguintes relações entre as médias das cinco distribuições:

$\mu_2 = \mu_3 = \mu_5$

$\mu_4 > \mu_2 > \mu_1$

Quanto ao desvio padrão das cinco distribuições, podemos afirmar que:

$\sigma_3 = \sigma_4$

$\sigma_5 > \sigma_3 > \sigma_2$

$\sigma_1 < \sigma_3$

Exercícios resolvidos

1. Suponhamos que a renda média de uma grande comunidade possa ser razoavelmente aproximada por uma distribuição normal com média de R$ 1.500,00 e desvio padrão de R$ 300,00. Nessa situação:

   a) Qual a porcentagem da população que tem renda superior a R$ 1.860,00?

   b) Qual a porcentagem da população que tem renda inferior a R$ 1.000,00?

   c) Qual a porcentagem da população que tem renda entre R$ 1.050,00 e R$ 1.780,00?

   d) Numa amostra de 500 assalariados, quantos podemos esperar que tenham menos de R$ 1.050,00 de renda?

   Vamos começar por fazer o gráfico correspondente.

   Gráfico 10.6 – Curva de probabilidade

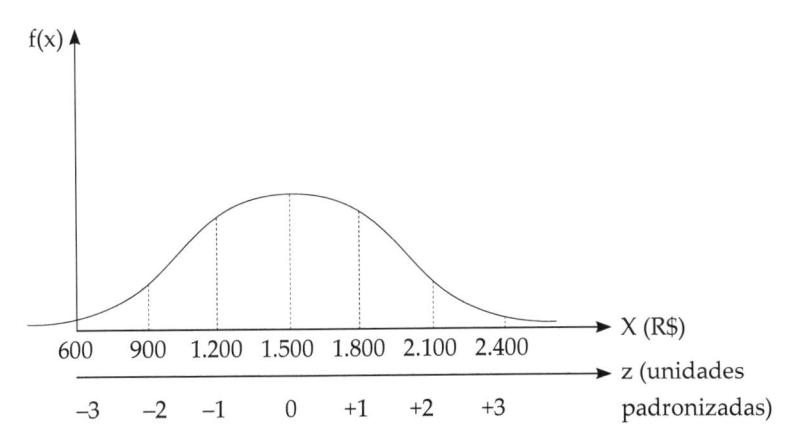

a) Vamos, então, verificar qual a porcentagem da população que tem renda superior a R$ 1.860,00.

Para X = 1 860, temos:

$$z = \frac{X - \lambda}{S} = \frac{1\,860 - 1\,500}{300} = +1{,}2$$

Então:

$P(0 \leq z \leq 1{,}2) = 0{,}3849$

Portanto:

$P(1\,500 \leq X \leq 1\,860) = 0{,}3849$ ou 38,49%

Nesse caso, salários maiores que R$ 1.860,00 correspondem aos valores de z maiores que 1,2. Assim:

$P(X \geq 1\,860) = 0{,}5 - 0{,}3849 = 0{,}1151$ ou 11,51%

Resposta: O percentual da população tem renda superior a R$ 1.860,00 é de 11,51%.

b) Verifiquemos agora o percentual da população que tem renda inferior a R$ 1.000,00.

Para X = 1 000, temos:

$$z = \frac{X - \lambda}{S} = \frac{1\,000 - 1\,500}{300} = -1{,}67$$

Então:

$P(-1{,}67 \leq z \leq 0) = 0{,}4525$

Portanto:

$P(1\,000 \leq X \leq 1\,500) = 0{,}4525$ ou 45,25%.

Nesse caso, salários menores que R$ 1.000,00 correspondem aos valores de z menores que – 1,67. Assim:

$P(X \leq 1\,000) = 0{,}5 - 0{,}4525 = 0{,}0475$ ou 4,75%

Resposta: O percentual da população tem renda inferior a R$ 1.000,00 é igual a 45,25%.

c) Agora, vamos verificar qual é a porcentagem da população que tem renda entre R$ 1.050,00 e R$ 1.780,00.

Para X = 1 050, temos:

$$z = \frac{X - \lambda}{S} = \frac{1\,050 - 1\,500}{300} = -1,5$$

Então:

P(–1,5 ≤ z ≤ 0) = 0,4332

Portanto:

P(1 050 ≤ X ≤ 1 500) = 0,4332 ou 43,32%

Para X = 1 780, temos:

$$z = \frac{X - \lambda}{S} = \frac{1\,780 - 1\,500}{300} = +0,93$$

Então:

P(0 ≤ z ≤ +0,93) = 0,3238

Portanto:

P(1 500 ≤ X ≤ 1 780) = 0,3238 ou 32,38%

Somando-se os dois intervalos, temos:

P(1 050 ≤ X ≤ 1 780) = 0,4332 + 0,3238 = 0,757 ou 75,7%.

Resposta: O percentual da população que tem renda entre R$ 1.050,00 e R$ 1.780,00 é de 75,7%.

d) Estamos, agora, interessados em saber, considerando amostra de 500 assalariados, quantos podemos esperar que tenham renda menor que R$ 1.050,00.

Nós acabamos de calcular que para rendas entre R$ 1.050,00 e R$ 1.500,00 temos 43,32% da população. Então, abaixo de R$ 1.050,00, temos:

50% − 43,32% = 6,68%.

Resposta: Na amostra considerada, 6,68% tem renda abaixo de R$ 1.050,00.

2. Analisando os resultados das avaliações dos 2 000 alunos de certa escola, verificou-se que as notas têm uma distribuição aproximadamente normal com média igual a 6 e desvio padrão igual a 1. Quantos alunos podemos esperar que tenham tirado nota:

a) inferior a 5;

b) superior a 7,5;

c) entre 6,5 e 8,5.

Vamos começar fazendo o gráfico correspondente.

Gráfico 10.7 − Curva de probabilidade

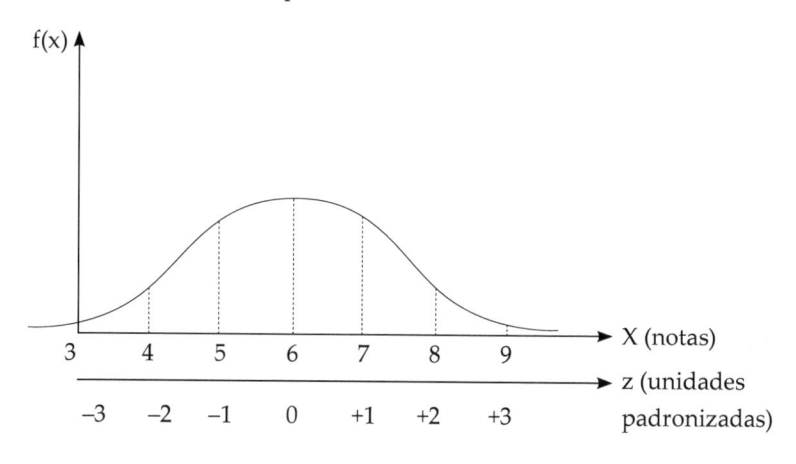

a) Inicialmente, queremos saber quantos alunos tiraram nota menor que 5,0. Vamos calcular o percentual deles.

Para X = 5, temos:

$$z = \frac{X - \lambda}{S} = \frac{5 - 6}{1} = -1,0$$

Então:

P(−1,0 ≤ z ≤ 0) = 0,3413

Portanto:

P(5 ≤ X ≤ 6) = 0,3413 ou 34,13%

Como estamos interessados em notas inferiores a 5,0, queremos conhecer o percentual à esquerda de z igual a –1,0.

No caso, temos:

0,5 – 0,3413 = 0,1587 ou 15,87%

Como são 2 000 alunos, 15,87% corresponde a:

2 000 · 0,1587 = 317,4

Resposta: Esperamos encontrar 317 alunos com nota inferior a 5,0.

Não se esqueça de arredondar o resultado. Não podemos ter 0,4 aluno!

b) E quantos alunos devem ter tirado nota superior a 7,5?

Para X = 7,5, temos:

$$z = \frac{X - \lambda}{S} = \frac{7,5 - 6}{1} = +1,5$$

Então:

P(0 ≤ z ≤ +1,5) = 0,4332

Portanto:

P(6 ≤ X ≤ 7,5) = 0,4332 ou 43,32%

Estamos interessados, porém, nas notas superiores a 7,5. Então, nosso foco é o percentual da área sob a curva a partir de z igual a +1,5.

Logo, temos:

0,5 – 0,4332 = 0,0668 ou 6,68%

Como são 2 000 alunos, 6,68% corresponde a:

2 000 · 0,0668 = 133,6

Resposta: Com nota superior a 7,5, esperamos encontrar 134 alunos.

c) Agora, vamos determinar quantos alunos tiraram nota entre 6,5 e 8,5.

Para X = 6,5, temos:

$$z = \frac{X - \lambda}{S} = \frac{6,5 - 6}{1} = +0,5$$

Então:

$P(0 \leq z \leq +0,5) = 0,1915$

Portanto:

$P(6 \leq X \leq 6,5) = 0,1915$ ou 19,15%.

Para X = 8,5, temos:

$$z = \frac{X - \lambda}{S} = \frac{8,5 - 6}{1} = +2,5$$

Então:

$P(0 \leq z \leq +2,5) = 0,4938$

Portanto:

$P(6 \leq X \leq 8,5) = 0,4938$ ou 49,38%.

Se 49,38% dos alunos tiraram nota entre 6,0 e 8,5 e se 19,15% dos alunos tiraram nota entre 6,0 e 6,5, então 30,23% (49,38% − 19,15% = 30,23%) dos alunos tiraram nota entre 6,5 e 8,5.

Como temos 2 000 alunos, 30,23% corresponde a:

2 000 · 0,3023 = 604,6

Resposta: Esperamos encontrar 605 alunos com nota entre 6,5 e 8,5.

3. Em análise de documentação e observação cuidadosas, constatou-se que o tempo médio para se fazer um teste padrão de estatística é aproximadamente normal com média de 80 minutos e desvio padrão de 20 minutos. Com base nesses dados, responda:

a) Que percentual de candidatos leva menos de 80 minutos para fazer o teste?

b) Que percentual de candidatos não termina o teste se o tempo máximo concedido for de 2 horas?

c) Se 100 pessoas fazem o teste, quantas podemos esperar que terminem o teste na primeira hora?

Vamos ao gráfico.

Gráfico 10.8 – Curva de probabilidade

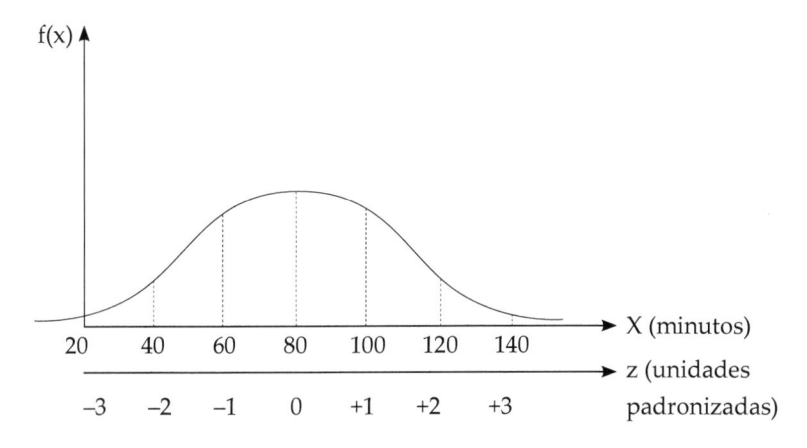

f(x)

| 20 | 40 | 60 | 80 | 100 | 120 | 140 | → X (minutos) |
| –3 | –2 | –1 | 0 | +1 | +2 | +3 | → z (unidades padronizadas) |

a) Vamos, então, calcular o percentual de candidatos que leva menos de 80 minutos para fazer o teste.

Para X = 80, temos:

$$z = \frac{X - \lambda}{S} = \frac{80 - 80}{20} = 0$$

Resposta: Como z = 0, temos à sua esquerda 50% da curva. Logo, 50% dos candidatos leva menos de 80 minutos para fazer o teste.

b) Agora, vamos calcular que percentual de candidatos não termina o teste se o tempo máximo concedido for de 2 horas, ou seja, 120 minutos.

Para X = 120, temos:

$$z = \frac{X - \lambda}{S} = \frac{120 - 80}{20} = +2,0$$

Então:

P(0 ≤ z ≤ +2,0) = 0,4772

Portanto:

P(80 ≤ X ≤ 120) = 0,4772 ou 47,72%

Como estamos interessados em tempos maiores que 120 minutos, queremos a área abaixo da curva e à direita de z igual a +2,0.

Então, temos:

0,5 − 0,4772 = 0,0228 ou 2,28% dos candidatos.

RESPOSTA: Espera-se que 2,28% dos candidatos não terminem o teste se o tempo máximo for de 2 horas.

c) Finalmente, queremos saber quantos candidatos podemos esperar que terminem o teste na primeira hora (60 minutos), supondo-se que sejam 100 pessoas a fazer o teste.

Para X = 60, temos:

$$z = \frac{X - \lambda}{S} = \frac{60 - 80}{20} = -1,0$$

Como queremos saber quantos candidatos levam no máximo 1 hora (60 minutos) para fazer o teste, estamos interessados na área abaixo da curva e à esquerda de z igual a −1,0.

Então:

P(−1,0 ≤ z ≤ 0) = 0,3413

Portanto:

P(60 ≤ X ≤ 80) = 0,3413 ou 34,13%

Como estamos interessados em tempos menores que 60 minutos, temos:

0,5 − 0,3413 = 0,1587 ou 15,87%

São 100 pessoas, então:

100 · 0,1587 = 15,87

RESPOSTA: Logo, 16 pessoas devem terminar o teste na primeira hora.

4. Em um exame de estatística, a média foi igual a 78 e o desvio padrão foi igual a 10. Sabendo disso, determine:

a) os escores padronizados ou a variável normal padronizada de dois estudantes cujas notas foram 93 e 52;

b) as notas cujos escores reduzidos foram –0,6 e 1,2.

Para X = 93, a variável normal padronizada (z) vale:

$$z = \frac{X - \lambda}{S} = \frac{93 - 78}{10} = +1,5$$

O escore padronizado é +1,5.

Para X = 52, a variável normal padronizada (z) vale:

$$z = \frac{X - \lambda}{S} = \frac{52 - 78}{10} = -2,6$$

O escore padronizado é –2,6

Para z = –0,6, o correspondente grau é:

$$z = \frac{X - \lambda}{S}$$

$$-0,6 = \frac{X - 78}{10}$$

$$-6 = X - 78$$

$$X = 78 - 6$$

Resposta: X = 72

Para z = +1,2, o grau correspondente é:

$$z = \frac{X - \lambda}{S}$$

$$1,2 = \frac{X - 78}{10}$$

$$12 = X - 78$$

$$X = 12 + 78$$

Resposta: X = 90

5. O processo de empacotamento em uma companhia de cereais foi ajustado de maneira que uma média de λ = 13,00 kg de cereal é colocada em cada saco. É claro que nem todos os sacos têm precisamente 13,00 kg em virtude de fontes aleatórias de variabilidade. O desvio padrão do peso líquido é S = 0,1 kg e sabemos que a distribuição dos pesos segue uma distribuição normal. Determine a probabilidade de que um saco, escolhido aleatoriamente, contenha entre 13,00 e 13,20 kg de cereal.

Para X = 13,00, temos:

$$z = \frac{X - \lambda}{S} = \frac{13 - 13}{0,1} = 0$$

Para X = 13,20, temos:

$$z = \frac{X - \lambda}{S} = \frac{13,20 - 13}{0,1} = +2,0$$

Então:

$P(0 \leq z \leq +2,0) = 0,4772$

Portanto:

$P(13 \leq X \leq 13,20) = 0,4772$ ou 47,72%.

Resposta: A probabilidade de que um saco escolhido aleatoriamente contenha entre 13,00 e 13,20 kg de cereal é de 47,72%.

6. As alturas dos alunos de determinada escola têm uma distribuição normal com média de 170 centímetros e desvio padrão de 10 centímetros. Qual a porcentagem de alunos dessa escola com altura entre 150 centímetros e 190 centímetros?

Vamos representar o gráfico para visualizar o problema.

Gráfico 10.9 – Curva de probabilidade

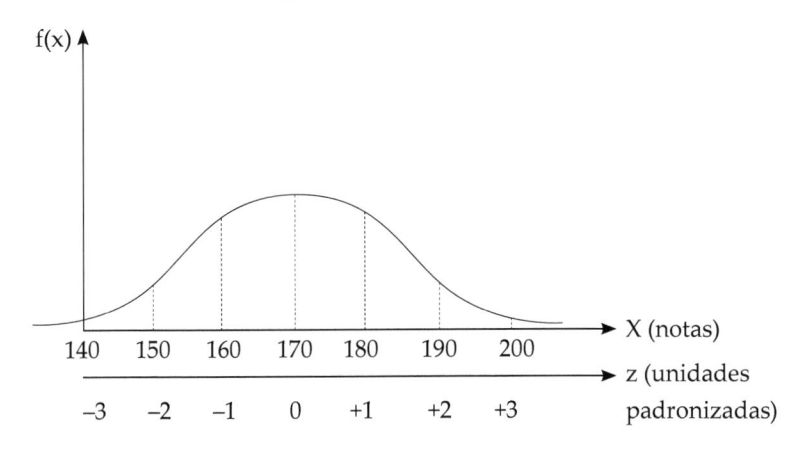

```
   f(x) ▲
        |
        |
        |         ___
        |       /     \
        |      /       \
        |     /         \
        |____/_____→ X (notas)
       140  150  160  170  180  190  200
                                            → z (unidades
        -3   -2   -1   0   +1   +2   +3      padronizadas)
```

Para X = 150, temos:

$$z = \frac{X - \lambda}{S} = \frac{150 - 170}{10} = -2{,}0$$

Então:

$P(-2{,}0 \leq z \leq 0) = 0{,}4772$

Portanto:

$P(150 \leq X \leq 170) = 0{,}4772$ ou 47,72%.

Para X = 190, temos:

$$z = \frac{X - \lambda}{S} = \frac{190 - 170}{10} = +2{,}0$$

Então:

$P(0 \leq z \leq +2{,}0) = 0{,}4772$

Portanto:

P(170 ≤ X ≤ 190) = 0,4772 ou 47,72%.

Como estamos interessados no intervalo de 150 a 190 centímetros, precisamos somar as duas partes (de 150 a 170 e de 170 a 190). Temos, então:

0,4772 + 0,4772 = 0,9544

Resposta: O percentual dos alunos que têm altura entre 150 e 190 centímetros é de 95,44.

7. Em um vestibular, verificou-se que os resultados tiveram uma distribuição normal com média igual a 6,5 e desvio padrão igual a 1,0. Qual é a porcentagem de candidatos que teve média entre 4,0 e 5,0?

Iniciemos com o gráfico.

Gráfico 10.10 – Curva de probabilidade

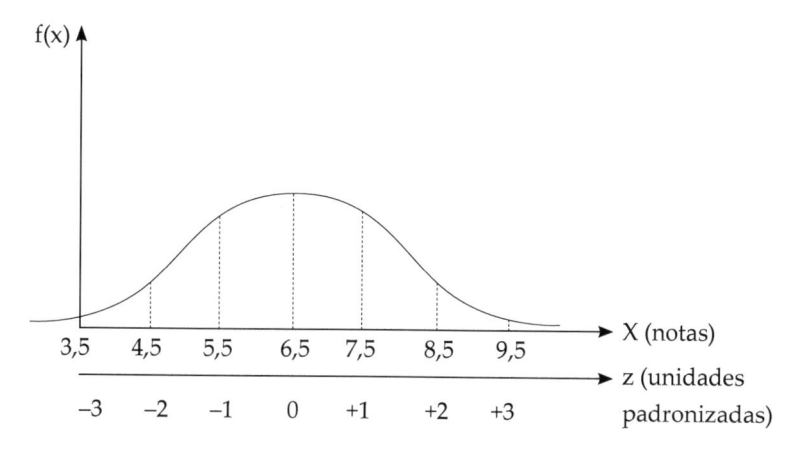

Para X = 4,0, temos:

$$z = \frac{X - \lambda}{S} = \frac{4,0 - 6,5}{1} = -2,5$$

Então:

P(–2,5 ≤ z ≤ 0) = 0,4938

$$z = \frac{X - \lambda}{S} = \frac{5,0 - 6,5}{1} = -1,5$$

Portanto:

P(4,0 ≤ X ≤ 6,5) = 0,4938 ou 49,38%

Para X = 5,0, temos:

Então:

P(–1,5 ≤ z ≤ 0) = 0,4332

Portanto:

P(5,0 ≤ X ≤ 6,5) = 0,4332 ou 43,32%

Como estamos interessados no intervalo de notas entre 4,0 e 5,0, devemos subtrair as porcentagens encontradas, pois temos 49,38% das notas entre 4,0 e 6,5 e 43,32% das notas entre 5,0 e 6,5. Logo, entre 4,0 e 5,0, temos (49,38% – 43,32%) = 6,06%.

RESPOSTA: Dos candidatos, 6,06% tiraram notas entre 4,0 e 5,0.

Síntese

Diferentemente de uma variável aleatória discreta, uma variável aleatória contínua pode assumir qualquer valor real, inteiro ou fracionário, dentro de um intervalo definido de valores. Dessa maneira, para distribuições de probabilidade, não conseguimos enumerar todos os possíveis valores de uma variável aleatória contínua com os valores de probabilidades correspondentes. Em lugar disso, a abordagem mais conveniente é construir uma função densidade de probabilidade ou curva de probabilidade baseada na função matemática correspondente. Isso porque a proporção da área incluída entre dois pontos quaisquer, debaixo da curva de probabilidade, identifica a probabilidade de que a variável aleatória contínua selecionada assuma um valor entre tais pontos. A área total limitada pelo eixo horizontal e pela curva normal é igual a 1 (que corresponde a 100%).

Questões para revisão

Nos exercícios a seguir, assinale a alternativa correta.

1. Em um teste de estatística realizado por 45 alunos, a média obtida foi de 5,0, com desvio padrão igual a 1,25. Determine quantos alunos obtiveram notas entre 5,0 e 7,0.

   ( ) 24   ( ) 20

   ( ) 18   ( ) 16

   ( ) 25

2. Uma fábrica de pneumáticos verificou que o desgaste dos seus pneus obedecia a uma distribuição normal, com média de 72 000 km e desvio padrão de 3 000 km. Calcule a probabilidade de um pneu, aleatoriamente escolhido, durar entre 69 000 km e 75 000 km.

   ( ) 34,13%   ( ) 86,64%

   ( ) 68,26%   ( ) 47,72%

   ( ) 43,32%

3. Uma siderúrgica verificou que os eixos de aço que fabricava para exportação tinham seus diâmetros em uma distribuição normal, com média de 2 polegadas e desvio padrão de 0,1 polegada. Calcule a probabilidade de um eixo, aleatoriamente escolhido, ter o diâmetro com mais de 2,1 polegadas.

   ( ) 34,13%   ( ) 15,87%

   ( ) 68,26%   ( ) 63,48%

   ( ) 31,74%

4. As idades de um grupo de alunos apresentou média igual a 20 anos e desvio padrão igual a 2 anos. Determine o percentual de alunos desse grupo que têm idade entre 17 e 22 anos.

( ) 77,45%   ( ) 34,13%

( ) 43,32%   ( ) 68,26%

( ) 86,64%

5. Em um vestibular, verificou-se que os resultados tiveram uma distribuição normal com média igual a 5,5 e desvio padrão igual a 1,0. Qual é a porcentagem de candidatos que teve média entre 3,0 e 7,0?

( ) 49,38%   ( ) 98,76%

( ) 43,32%   ( ) 92,70%

( ) 86,64%

6. Uma fábrica de lâmpadas de automóveis, para exportação, verificou que a vida útil de suas lâmpadas obedecia a uma distribuição normal, com média de 2 000 horas e desvio padrão de 150 horas. Calcule a probabilidade de uma lâmpada, escolhida aleatoriamente, durar mais de 2 300 horas.

( ) 95,44%   ( ) 15,87%

( ) 47,72%   ( ) 2,28%

( ) 34,13%

7. A altura média dos empregados de uma empresa de seguros aproxima-se de uma distribuição normal, com média de 172 centímetros e desvio padrão de 8 centímetros. Calcule a probabilidade de um empregado dessa empresa, escolhido aleatoriamente, ter altura maior que 176 centímetros.

( ) 19,15%   ( ) 15,87%

( ) 30,85%   ( ) 38,30%

( ) 34,13%

8. Se uma amostra de 3 000 unidades de certo produto apresenta distribuição normal com média igual a 30, qual é o desvio padrão dessa distribuição?

   Dica: Consulte a seção "Parâmetros da distribuição normal".

   ( ) 5,45   ( ) 0,99

   ( ) 29,7   ( ) 882,09

   ( ) 0,01

9. Os salários de uma empresa de *factoring* têm uma distribuição normal com média de R$ 1.800,00 e desvio padrão de R$ 180,00. Qual é a probabilidade de um funcionário dessa empresa, escolhido aleatoriamente, ganhar menos de R$ 2.070,00?

   ( ) 6,68%   ( ) 56,68%

   ( ) 93,32%   ( ) 49,38%

   ( ) 43,32%

10. Suponha que o diâmetro médio dos parafusos produzidos por uma indústria é de 0,10 polegada, com desvio padrão de 0,01 polegada. Um parafuso é considerado defeituoso se seu diâmetro for maior que 0,11 polegada ou menor que 0,09 polegada. Qual é a porcentagem de parafusos defeituosos?

    ( ) 15,87%   ( ) 31,74%

    ( ) 34,13%   ( ) 65,87%

    ( ) 68,26%

11. Qual é a característica de uma variável aleatória contínua?

12. Defina o que é uma distribuição normal de probabilidade.

capítulo 11

A distribuição qui-quadrado

Conteúdos do capítulo
- Conceituação de distribuição qui-quadrado.
- Cálculos para a aplicação da distribuição qui-quadrado.

Após o estudo deste capítulo, você será capaz de:
1. definir e caracterizar a distribuição qui-quadrado;
2. aplicar a distribuição qui-quadrado.

A distribuição qui-quadrado, que representaremos por χ^2, foi estudada por Karl Pearson. Observar que χ* é letra grega *Chi* (lê-se "qui"). Trata-se de uma distribuição contínua e muito utilizada em inferência estatística.

Se temos n variáveis aleatórias independentes, representadas por $x_1, x_2, x_3, ..., x_n$, com média igual a 0 (zero) e variância igual a 1 (um), então podemos definir uma variável aleatória com distribuição qui-quadrado à variável.

$$\chi_n^2 = x_1^2 + x_2^2 + x_3^2 + ... + x_n^2$$

em que n é um parâmetro da função densidade denominado de *liberdade*. Simplificadamente,

$$\chi_n^2 = \sum_{i=1}^{n} x_i^2 = \sum_{i=1}^{n} z_i^2 \text{, em que } x_i = \frac{X_i - \overline{X}}{S}$$

Observe que x_i é uma variável aleatória de distribuição normal reduzida.

O grau de liberdade é normalmente representado pela letra grega φ** (fi), sendo φ maior ou igual a 1. E o que significa *grau de liberdade*?

Cada uma das variáveis aleatórias normais atua como um número que podemos escolher livremente; como temos n desses números, é como se tivéssemos n diferentes escolhas livres (Downing; Clark, 1998).

Suponha uma amostra constituída por n elementos, da qual desejamos conhecer a variância (S^2).

---

* A letra grega χ (qui) equivale ao ch.
** A letra grega φ (fi) equivale ao f.

> S^2 representa a variância de uma amostra retirada de uma população com variância σ^2.

O primeiro passo é a determinação da média X dos n elementos. O segundo passo é a determinação de S^2.

> Para a população toda, a média é representada por μ e a variância por σ^2.

A função qui-quadrado de densidade é

$$f(x) = \frac{1}{c} \cdot x^{\frac{n}{2}-1} \cdot e^{-x/2}$$

Em que c é uma constante que assume valores tal que a área total sob a curva é igual a 1% ou 100%.

Como χ_n^2 é a soma de n variáveis aleatórias e como essas variáveis são independentes, temos que a variância é igual à soma de todas as variâncias individuais.

Então:

$$\overline{X}_n = n$$

ou seja, a média de uma distribuição qui-quadrado é igual ao grau de liberdade.

$$S^2 = 2n$$

ou seja, a variância é igual ao dobro do grau de liberdade.

Para diferentes valores de n, temos diferentes curvas que descrevem a função densidade.

Vejamos alguns exemplos na Gráfico 11.1.

Gráfico 11.1 – Distribuições qui-quadrado para diferentes graus de liberdade

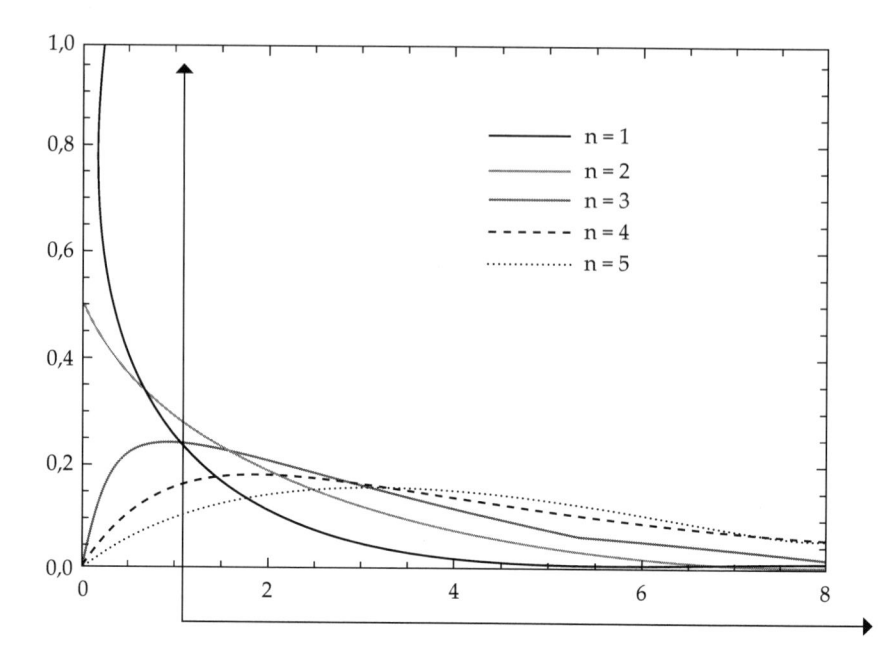

n = 1
n = 2
n = 3
n = 4
n = 5

A área sob cada uma dessas curvas vale 1 ou 100%.

Para a determinação de um percentual de área sob a curva, devemos utilizar a Tabela 11.1.

Tabela 11.1 – Distribuição χ^2

φ	Áreas p											
	0,995	0,990	0,975	0,950	0,900	0,750	0,500	0,250	0,100	0,050	0,025	0,010	0,005
1	0,0000	0,0002	0,0010	0,0039	0,0158	0,1020	0,455	1,323	2,706	3,841	5,024	6,635	7,879
2	0,0100	0,020	0,0506	0,1030	0,2110	0,575	1,386	2,773	4,605	5,991	7,378	9,210	10,597
3	0,0717	0,115	0,216	0,352	0,584	1,213	2,366	4,108	6,251	7,815	9,348	11,345	12,838
4	0,207	0,297	0,484	0,711	1,064	1,923	3,357	5,385	7,779	9,488	11,143	13,277	14,860
5	0,412	0,554	0,831	1,145	1,610	2,675	4,351	6,626	9,236	11,071	12,833	15,086	16,750
6	0,676	0,872	1,237	1,635	2,204	3,455	5,348	7,841	10,645	12,592	14,449	16,812	18,548
7	0,989	1,239	1,690	2,167	2,833	4,255	6,346	9,037	12,017	14,067	16,013	18,475	20,278
8	1,344	1,646	2,180	2,733	3,490	5,071	7,344	10,219	13,362	15,507	17,535	20,090	21,955
9	1,725	2,088	2,700	3,325	4,168	5,899	8,343	11,389	14,684	16,919	19,023	21,666	23,589
10	2,156	2,558	3,247	3,940	4,865	6,737	9,342	12,549	15,987	18,307	20,483	23,209	25,188
11	2,603	3,053	3,816	4,575	5,578	7,584	10,341	13,701	17,275	19,675	21,920	24,725	26,757
12	3,074	3,571	4,404	5,226	6,304	8,438	11,340	14,845	18,549	21,026	23,337	26,217	28,299
13	3,565	4,107	5,009	5,892	7,042	9,299	12,340	15,984	19,812	22,362	24,736	27,688	29,819
14	4,075	4,660	5,629	6,571	7,790	10,165	13,339	17,117	21,064	23,685	26,119	29,141	31,319

(continua)

(Tabela 11.1 – conclusão)

φ	\\multicolumn{11}{c}{Áreas p}

φ	0,995	0,990	0,975	0,950	0,900	0,750	0,500	0,250	0,100	0,050	0,025	0,010	0,005
15	4,601	5,229	6,262	7,261	8,547	11,037	14,339	18,245	22,307	24,996	27,488	30,578	32,801
16	5,142	5,812	6,908	7,962	9,312	11,912	15,338	19,369	23,542	26,296	28,845	32,000	34,267
17	5,697	6,408	7,564	8,672	10,085	12,792	16,338	20,489	24,769	27,587	30,191	33,409	35,718
18	6,265	7,015	8,231	9,390	10,865	13,675	17,338	21,605	25,989	28,869	31,526	34,805	37,156
19	6,844	7,633	8,907	10,117	11,651	14,562	18,338	22,718	27,204	30,144	32,852	36,191	38,582
20	7,434	8,260	9,591	10,851	12,443	15,452	19,337	23,828	28,412	31,410	34,170	37,566	39,997
21	8,034	8,897	10,283	11,591	13,240	16,344	20,337	24,935	29,615	32,671	35,479	38,932	41,401
22	8,643	9,542	10,982	12,338	14,042	17,240	21,337	26,039	30,813	33,924	36,781	40,289	42,796
23	9,260	10,196	11,689	13,091	14,848	18,137	22,337	27,141	32,007	35,172	38,076	41,638	44,181
24	9,886	10,856	12,401	13,848	15,659	19,037	23,337	28,241	33,196	36,415	39,364	42,980	45,559
25	10,520	11,524	13,120	14,611	16,473	19,939	24,337	29,339	34,382	37,652	40,646	44,314	46,928
26	11,160	12,198	13,844	15,379	17,292	20,843	25,336	30,435	35,563	38,885	41,923	45,642	48,290
27	11,808	12,879	14,573	16,151	18,114	21,749	26,336	31,528	36,741	40,113	43,194	46,963	49,645
28	12,461	13,565	15,308	16,928	18,939	22,657	27,336	32,620	37,916	41,337	44,461	48,278	50,993
29	13,121	14,257	16,047	17,708	19,768	23,567	28,336	33,711	39,087	42,557	45,722	49,588	52,336
30	13,787	14,954	16,791	18,493	20,599	24,478	29,336	34,800	40,256	43,773	46,979	50,892	53,672
31	14,458	15,655	17,539	19,281	21,434	25,390	30,336	35,887	41,422	44,985	48,232	52,191	55,003
32	15,134	16,362	18,291	20,072	22,271	26,304	31,336	36,973	42,585	46,194	49,480	53,486	56,328
33	15,815	17,074	19,047	20,867	23,110	27,219	32,336	38,058	43,745	47,400	50,725	54,776	57,648
34	16,501	17,789	19,806	21,664	23,952	28,136	33,336	39,141	44,903	48,602	51,966	56,061	58,964
35	17,192	18,509	20,569	22,465	24,797	29,054	34,336	40,223	46,059	49,802	53,203	57,342	60,275
36	17,887	19,233	21,336	23,269	25,643	29,973	35,336	41,304	47,212	50,998	54,437	58,619	61,581
37	18,586	19,960	22,106	24,075	26,492	30,893	36,336	42,383	48,363	52,192	55,668	59,892	62,883
38	19,289	20,691	22,878	24,884	27,343	31,815	37,335	43,462	49,513	53,384	56,896	61,162	64,181
39	19,996	21,426	23,654	25,695	28,196	32,737	38,335	44,539	50,660	54,572	58,120	62,428	65,476
40	20,707	22,164	24,433	26,509	29,051	33,660	39,335	45,616	51,805	55,758	59,342	63,691	66,766
41	21,421	22,906	25,215	27,326	29,907	34,585	40,335	46,692	52,949	56,942	60,561	64,950	68,053
42	22,138	23,650	25,999	28,144	30,765	35,510	41,335	47,766	54,090	58,124	61,777	66,206	69,336
43	22,859	24,398	26,785	28,965	31,625	36,436	42,335	48,840	55,230	59,304	62,990	67,459	70,616
44	23,584	25,148	27,575	29,787	32,487	37,363	43,335	49,913	56,369	60,481	64,201	68,710	71,893
45	24,311	25,901	28,366	30,612	33,350	38,291	44,335	50,985	57,505	61,656	65,410	69,957	73,166
50	27,991	29,707	32,357	34,764	37,689	42,942	49,335	56,334	63,167	67,505	71,420	76,154	79,490
60	35,534	37,485	40,482	43,188	46,459	52,294	59,335	66,981	74,397	79,082	83,298	88,379	91,952
70	43,275	45,442	48,758	51,739	55,329	91,698	69,335	77,577	85,527	90,531	95,023	100,43	104,26
80	51,172	53,540	57,153	60,391	64,278	71,145	79,335	88,130	96,578	101,88	106,63	112,33	116,32
90	59,196	61,754	65,647	69,126	73,291	80,625	89,335	98,650	107,57	113,15	118,14	124,12	128,30
100	67,328	70,065	74,222	77,929	82,358	90,133	99,335	109,14	118,50	124,34	129,56	135,81	140,17

Para φ > 30, devemos utilizar a aproximação:

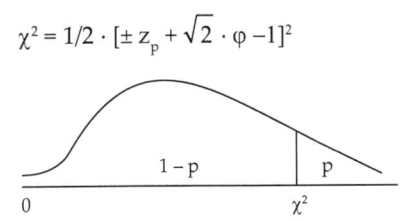

$$\chi^2 = 1/2 \cdot [\pm z_p + \sqrt{2 \cdot \varphi - 1}]^2$$

A distribuição qui-quadrado

Exercício resolvido

Calcule o valor de k tal que $p(\chi^2 > k) = 0{,}100$ com n = 16 graus de liberdade.

Consultando a Tabela 11.1, para p = 0,100 e para φ = 16, temos k = 23,542.

Graficamente, temos:

Gráfico 11.2 – Representação de X com 16 graus de liberdade

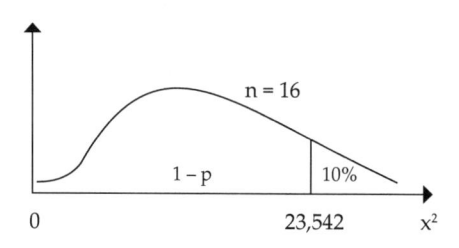

Ao traçarmos um gráfico de χ^2 em função das porcentagens acumuladas com os valores foram encontrados, supondo grau de liberdade igual a 2, obteríamos uma distribuição como a representada no Gráfico 11.3.

Gráfico 11.3 – Distribuição qui-quadrado para grau de liberdade = 2

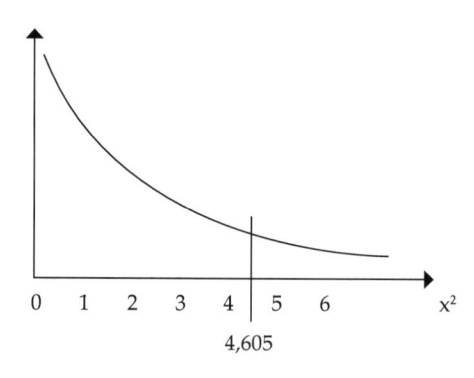

Vamos analisar a área delimitada pelos valores de χ^2 entre 4,605 e 9,210.

A área total sob a curva é igual a 100%. Então, o valor 4,605 delimita 10% dessa área e o valor 9,210 delimita 1%.

Então, esperamos que 90% dos resultados forneçam valores de χ^2 menores que 4,605 e que 99% dos resultados forneçam valores de χ^2 menores que 9,210.

Resposta: Valores de χ^2 iguais ou maiores que 9,210 têm probabilidade de ocorrência igual a 1%.

> Observa-se pelas curvas que, quando o grau de liberdade é pequeno, a função de densidade é bem assimétrica e ela vai se tornando simétrica à medida que esse grau vai aumentando. Quando n é muito grande, a distribuição qui-quadrado se assemelha a uma distribuição normal.

Síntese

A distribuição qui-quadrática é uma distribuição contínua e muito utilizada em inferência estatística. As curvas permitem verificar que, quando o grau de liberdade é pequeno, a função de densidade é bem assimétrica e ela vai se tornando simétrica à medida que esse grau vai aumentando. Quando n (parâmetro da função densidade, denominada de *liberdade*) é muito grande, a distribuição qui-quadrado se assemelha a uma distribuição normal. Portanto, o que distingue a distribuição qui-quadrática é o grau de liberdade.

Questões para revisão

1. Dada a distribuição qui-quadrado com n = 12 graus de liberdade, calcule a média, a variância e o desvio padrão.

2. Calcule k para que $p(\chi^2 > k) = 0,75$ com n = 18 graus de liberdade.

3. Calcule $p(9,591 < \chi^2 < 34,170)$, com n = 20 graus de liberdade.

4. Calcule k para que $p(\chi^2 > k) = 0,75$, com n = 13 graus de liberdade.

5. Calcule k para que $p(\chi^2 > k) = 0,10$ com n = 44 graus de liberdade.

6. É correto afirmar que a distribuição qui-quadrado:

   a. é representada por y^2.

   b. foi estudada por Pearson.

   c. é uma distribuição discreta.

   d. não serve para o uso estatístico.

7. Assinale a alternativa correta.

   a. Representamos por χ^2 a distribuição qui-quadrática, sendo ela uma distribuição contínua muito utilizada nas equações lineares.

   b. Grau de liberdade em distribuição qui-quadrática caracteriza-se pelo fato de cada uma das variáveis aleatórias normais atuar como um número que podemos escolher livremente.

   c. Na distribuição qui-quadrática, para a população toda, a média é representada por σ e a variância por S^2.

   d. S^2 representa a variância de uma amostra retirada de uma população com variância σ.

capítulo 12

Inferência estatística

Conteúdos do capítulo

- Conceituação de inferência estatística.
- Processo de amostragem.
- Processo de estimação.
- Fator confiança na estatística: intervalo, nível e aplicação.

Após o estudo deste capítulo, você será capaz de:

1. definir inferência estatística, amostragem, estimação e intervalo de confiança;
2. aplicar o intervalo de confiança em situações concretas.

Inferência estatística

Nos capítulos anteriores, explicitamos que nem sempre conseguimos pesquisar toda uma população, o que nos leva a realizar a pesquisa em parte dessa população, ou seja, numa amostra.

Com os dados obtidos na amostra, fazemos cálculos de medidas de posição, de medidas de dispersão, de medidas de assimetria e de medidas de curtose.

A **inferência estatística** é a admissão que os valores e os cálculos realizados com uma amostra são válidos para toda a população da qual aquela amostra foi retirada. A inferência estatística baseia-se ainda em técnicas de amostragem, em cálculos probabilísticos e na estatística descritiva.

Façamos uma analogia com os exames de sangue. Após coletar uma amostra de sangue, o laboratório de análises clínicas é capaz de fornecer um diagnóstico, que, apesar de ser obtido por meio da análise de apenas algumas gotas do líquido, é válido para todo o sangue que circula em dado organismo, uma vez que está homogeneamente misturado em suas veias.

Entretanto, na maioria das vezes, a população que estamos analisando é heterogênea, o que exige a utilização de técnicas de amostragem que nos forneçam amostras dignas de confiança.

Amostragem

Os levantamentos de amostragem dividem-se, basicamente, em dois tipos:

a) **Levantamentos descritivos**, nos quais o objetivo é obter a informação sobre um grande grupo de elementos; não há comparação entre grupos; por exemplo, o número de eleitores que pretendem votar no candidato A ou no candidato B à eleição presidencial.

b) **Levantamentos analíticos**, nos quais fazemos comparações entre diferentes subgrupos da população, para descobrirmos se existem diferenças entre eles de tal forma que possamos formular ou verificar hipóteses sobre as forças que atuam sobre a população; por exemplo, em um rebanho bovino, as vacas foram separadas em dois grupos; cada grupo recebeu um diferente tipo de alimentação; comparou-se, após certo tempo, a quantidade de leite produzida por cada um dos dois grupos, para diagnosticar o sucesso obtido com cada tipo de alimentação.

Os levantamentos podem ser totalmente controlados pelo pesquisador e se dividem em **probabilísticos** e **não probabilísticos**. A amostragem probabilística exige que cada elemento da população apresente determinada probabilidade de ocorrência, conhecida e diferente de zero. Somente com base nas amostragens probabilísticas é que se pode realizar inferências estatísticas e deduções sobre a população da qual a amostra faz parte. Na amostragem não probabilística, nem todos os elementos da população têm probabilidade de ocorrência conhecida. Não podem ser objeto de certos tipos de tratamento estatístico.

Para a seleção de uma amostra que seja representativa de certa população, é necessário conhecer as técnicas utilizadas para essa seleção. Para a obtenção dos dados amostrais, os levantamentos podem ser totalmente controlados pelo pesquisador.

Tais levantamentos podem ser assim classificados:

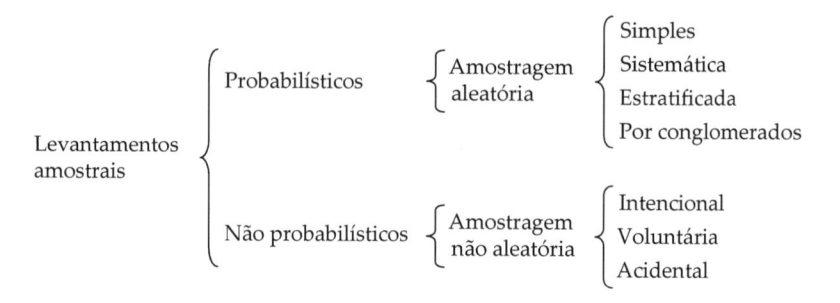

Levantamentos amostrais
- Probabilísticos — Amostragem aleatória
  - Simples
  - Sistemática
  - Estratificada
  - Por conglomerados
- Não probabilísticos — Amostragem não aleatória
  - Intencional
  - Voluntária
  - Acidental

Amostragem aleatória simples

É a forma mais fácil de se selecionar uma amostra probabilística. Todos os elementos da população têm igual probabilidade de serem selecionados.

Normalmente, atribuímos a cada elemento um número e selecionamos os números até que tenhamos os n elementos desejados da amostra.

Amostragem aleatória sistemática

É uma variação da amostragem aleatória simples e muito utilizada em pesquisas de opinião. Por exemplo, serão selecionados como amostra os alunos de uma universidade cujo nome inicie com as letras de C até J. O intervalo de amostragem de n elementos é obtido por N/n, em que N é o tamanho da população.

Amostragem aleatória estratificada

Imaginemos uma população heterogênea, constituída por todos os funcionários de uma grande indústria. Vamos dividir esses funcionários em grupos homogêneos em função de seus salários. Cada um desses grupos homogêneos é denominado *estrato*.

Após a identificação dos estratos, fazemos a amostragem aleatória simples de cada um.

Amostragem aleatória por conglomerados

Desejamos saber a escolaridade dos moradores de um bairro de determinada metrópole brasileira. Dividimos, em um mapa, esse bairro em pequenas áreas. Fazemos uma amostragem aleatória simples dessas pequenas áreas e nelas entrevistamos todos os seus moradores para conhecermos suas escolaridades.

Amostragem não aleatória intencional

A amostra é selecionada intencionalmente pelo pesquisador. Por exemplo, o pesquisador entrevista os usuários de uma biblioteca quanto ao seu estilo preferido de leitura.

Amostragem não aleatória voluntária

Nesse caso, os elementos da população se oferecem voluntariamente para fazer parte da amostra sem a interferência do pesquisador.

Amostragem não aleatória acidental

Nesse caso, os elementos da população são escolhidos quando aparecem, ou seja, são acidentalmente selecionados.

Estimação

Um dos grandes problemas da estatística é a **estimativa das propriedades das populações**.

Nos Capítulos 8, 9 e 10 estudamos as distribuições de probabilidades binomial, de Poisson e normal, respectivamente. Nos exemplos que analisamos, todas as probabilidades envolvidas eram conhecidas e consideramos as propriedades daquelas distribuições.

Na distribuição binomial, por exemplo, a fórmula, apresentada no Capítulo 8, permite calcular a probabilidade de um evento acontecer se conhecemos a probabilidade p de sucesso e o valor N de tentativas. Os valores que forem atribuídos a esses dois parâmetros determinam a distribuição binomial em questão. Como normalmente determinamos o valor de N, nossos problemas de estimativas para as distribuições binomiais reduzem-se a estimar p. Na distribuição de Poisson, o problema é semelhante.

Na distribuição normal, podemos realizar qualquer cálculo se conhecermos a média (λ) e o desvio padrão (S). Então, os problemas de estimativas para as distribuições normais se reduzem a estimar λ e S.

Estimação, em estatística, é a atribuição de um valor a um parâmetro, já que não se conhece seu valor absoluto. Por exemplo, ao se atribuir um valor médio para o peso de uma população a partir da observação de uma amostra, fez-se uma estimação.

Imaginemos uma amostra de 1 000 eleitores. A cada pessoa dessa amostra perguntaremos se está satisfeita com o governo atual. A resposta à pergunta poderá ser *sim* (satisfeita) ou *não* (insatisfeita). Desejamos, nesse caso, estimar a proporção de eleitores que estão satisfeitos com o governo atual.

Suponhamos que 700 pessoas dessa amostra respondam *sim*. Isso nos dá a estimativa natural para essa proporção, que é igual a 700/1 000, ou seja, 0,70 ou 70%. Evidentemente, estamos supondo que essa amostra representa perfeitamente a população em questão. Essa grandeza é chamada *estimador*.

> Estimador é uma grandeza baseada em observações feitas em uma amostra e é considerada indicador de um parâmetro populacional desconhecido.

A inferência estatística preocupa-se em conhecer as propriedades desses estimadores.

> Uma estimativa é o valor atribuído ao estimador.

No exemplo anterior, uma estimativa de p (representaremos por E(p)) é:

E(p) = 0,7 ou 70%

Estimativa por ponto (pontual) e por intervalo (intervalar)

A estimativa de parâmetros na estatística pode ser por ponto ou por intervalo.

A **estimativa por ponto** é um valor obtido a partir de cálculos efetuados com os dados da amostra, que serve como uma aproximação do parâmetro estimado.

Assim, um estimador que apresenta um único valor, como no exemplo anterior, é um estimador pontual.

Da mesma forma, se temos n elementos em uma amostra, a média amostral

$\overline{X} = (X_1 + X_2 + \ldots + X_n)/n$

é usada como estimador da média populacional desconhecida.

Por exemplo, se a amostra observada é constituída pelos números 3, 4, 6, 6, 8 e 9, então $\overline{X} = 6$ é uma estimativa da média populacional. Esse é, também, um estimador pontual.

Já a **estimativa por intervalo** para um parâmetro é uma faixa de valores possíveis e aceitos como verdadeiros dentro da qual se estima que o parâmetro se encontre. A estimativa por intervalo apresenta uma maior vantagem em relação à estimativa por ponto, pois ela nos permite diminuir a magnitude do erro que estamos cometendo. Quanto menor o comprimento do intervalo, maior a precisão dos nossos cálculos.

As estimativas por intervalo são denominadas *intervalos de confiança*. Esses intervalos são baseados na distribuição amostral do estimador pontual.

Tamanho de uma amostra

Para o cálculo do tamanho de uma amostra, precisamos levar em consideração:

a) se a população é finita ou infinita;

b) se a variável escolhida é nominal ou ordinal (qualitativa) ou se ela é intervalar (quantitativa).

Temos, então, quatro diferentes situações:

a) Para uma variável intervalar (quantitativa) e população infinita:

$$n = \left(\frac{z \cdot \sigma}{c} \right)^2$$

b) Para uma variável intervalar (quantitativa) e população finita:

$$n = \frac{z^2 \cdot \sigma^2 \cdot N}{c^2(N-1) + z^2 \cdot \sigma^2}$$

c) Para uma variável nominal ou ordinal (qualitativa) e população infinita:

$$n = \frac{z^2 \cdot \hat{p} \cdot \hat{q}}{c^2}$$

d) Para uma variável nominal ou ordinal (qualitativa) e população finita:

$$n = \frac{z^2 \cdot {^\wedge}p \cdot {^\wedge}q \cdot N}{c^2 (N-1) + z^2 \cdot {^\wedge}p \cdot {^\wedge}q}$$

sendo:

c = erro amostral, expresso na unidade da variável. O erro amostral é a máxima diferença que o investigador admite suportar entre μ e $\overline{X}$, isto é, $|\mu - \overline{X}| < c$, onde μ é a verdadeira média populacional, que ele não conhece, e $\overline{X}$, a média amostral a ser calculada a partir da amostra.

${^\wedge}p$ = estimativa da verdadeira proporção de um dos níveis da variável escolhida. Por exemplo, se a variável escolhida for porte da empresa, ${^\wedge}p$ poderá ser a estimativa da verdadeira proporção de grandes empresas do setor que está sendo estudado. Será expresso em decimais. Assim, se ${^\wedge}p = 25\%$, teremos ${^\wedge}p = 0{,}25$.

${^\wedge}q = 1 - {^\wedge}p$

Intervalo de confiança

Um intervalo de confiança é um intervalo de valores obtidos a partir de observações de uma amostra e determinado de tal maneira que haja uma probabilidade de esse intervalo conter o valor desconhecido de um parâmetro que desejamos determinar.

A amplitude desse intervalo depende do **nível de confiança** que se deseja ter, ou seja, depende da precisão com que se deseja estimar o parâmetro.

Para o correto entendimento das fórmulas, devemos lembrar que:
$\overline{X}$ = média de uma amostra
μ = média de uma população
S = desvio padrão de uma amostra
σ = desvio padrão de uma população
n = tamanho de uma amostra aleatória simples
N = tamanho da população
c = erro de estimativa ou erro de amostragem; é a máxima diferença que o pesquisador admite entre $\overline{X}$ e μ

z = abscissa da distribuição normal padronizada, para determinado nível de confiança

(1 − α) = nível de confiança

Nível de confiança

O nível de confiança é um número que exprime o grau de confiança (ou porcentagem) associado a um intervalo de confiança.

> A partir de agora, chamaremos de $\overline{X}$ a média de uma amostra de tamanho n e chamaremos de μ (mu) a média de uma população qualquer. Lembre que μ não é uma variável aleatória, mas um parâmetro.
>
> Ainda, representaremos por σ* o desvio padrão de uma população e por S o desvio padrão da amostra.

Normalmente, $\overline{X}$ está no meio do intervalo de confiança. Assim, podemos dizer que o verdadeiro valor de μ está próximo ao valor de $\overline{X}$. Não sabemos, porém, quão próximo. Se considerarmos que o intervalo que contém μ tem comprimento igual a 2c, precisamos determinar a probabilidade de μ estar entre $(\overline{X} - c)$ e $(\overline{X} + c)$. Verifique, na representação a seguir, o comprimento do intervalo de confiança (IC):

Figura 12.1 – Comprimento de intervalo de confiança (IC)

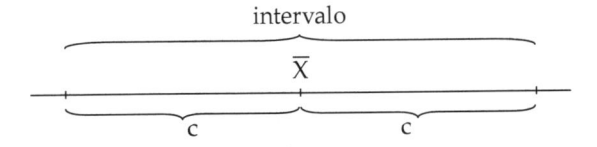

```
        intervalo
 ┌─────────────────────┐
             X̄
 ├──────────┼──────────┤
 └────┬─────┘└────┬────┘
      c           c
```

Para um valor muito grande de c, temos certeza de que μ se encontra nesse intervalo. No entanto, um intervalo muito grande não tem aplicação prática; portanto, quanto menor o valor de c, mais preciso será o valor de μ. Entretanto quando o valor de c é pequeno, há a possibilidade de que μ não se encontre no intervalo entre $(\overline{X} - c)$ e $(\overline{X} + c)$. Como já afirmamos, é comum escolhermos a probabilidade igual a 95% de μ estar nesse intervalo.

Então, nossos cálculos devem determinar a amplitude do intervalo para que haja 95% de chance de ele conter μ. Trata-se de um intervalo de confiança com nível de confiança igual a 95%.

Queremos, portanto, construir um intervalo de confiança (IC) da forma $\bar{X} \pm c$.

Segundo Fonseca e Martins (1996), c é o erro amostral, expresso na unidade da variável. O erro amostral é a máxima diferença que o investigador admite entre μ e $\bar{X}$.

Devemos, então, determinar o valor de c que verifique a equação:

$P(\bar{X} - c < \mu < \bar{X} + c) = 0{,}95$

Em que:

$c = z \cdot \dfrac{\sigma}{\sqrt{n}}$ para populações infinitas,

sendo que z tem distribuição normal padronizada (média igual a zero e desvio padrão igual a 1, conforme demonstramos no Capítulo 10) e n é o tamanho da amostra ($n \geq 30$).

Como exemplo, vamos determinar o intervalo de confiança onde se encontra o peso médio de uma população da qual faz parte uma amostra de 61 pessoas que têm peso médio de 62 kg, com desvio padrão de 2 kg. Suponhamos um nível de confiança de 95%.

Para um nível de confiança de 95%, precisamos calcular o valor de z. Como a Tabela 10.1 só nos mostra a área de metade da curva Normal, precisamos dividir 95% por 2. Obtemos, assim, 47,50%. Para esse percentual de área da curva (0,4750), temos z igual a 1,96.

Então:

$c = 1{,}96 \cdot \dfrac{2}{\sqrt{61}} = 1{,}96 \cdot 0{,}256 = 0{,}50$

Assim, o intervalo de confiança onde se encontra μ é:

IC: $(61 - 0{,}5 < \mu < 61 + 0{,}5) = 95\%$

IC: $(60{,}5 < \mu < 61{,}5) = 95\%$

Na **teoria da amostragem** há um teorema que diz: se a variável X apresenta uma distribuição normal com média μ e com desvio padrão σ, então a média $\bar{X}$ da amostra de tamanho n também terá uma distribuição normal com média igual a μ e com desvio padrão dado por $S = \dfrac{\sigma}{\sqrt{n}}$.

Observe que a população é infinita ou a amostragem é com reposição.

Caso a população seja finita ou a amostragem seja sem reposição, temos que:

$$S = \frac{\sigma}{\sqrt{n}} \cdot \sqrt{\frac{N-n}{N-1}}$$

Exemplos de aplicação de intervalos de confiança

Vamos determinar o intervalo de confiança onde se encontra o peso médio de uma população da qual faz parte uma amostra de 40 pessoas que têm peso médio de 60 kg, com desvio padrão de 3 kg. Suponhamos um nível de confiança de 95%.

Queremos determinar $P(\overline{X} - c < \mu < \overline{X} + c) = 0{,}95$.

Demonstramos anteriormente que, para 95% de confiança, $z = 1{,}96$.

Então:

$$c = z \cdot \frac{\sigma}{\sqrt{n}} = 1{,}96 \cdot \frac{3}{\sqrt{40}} = 0{,}93$$

Logo:

$P(60 - 0{,}93 < \mu < 60 + 0{,}93) = 0{,}95$

O intervalo de confiança é:

IC $(59{,}07 < \mu < 60{,}93) = 95\%$

Isso significa que há 95% de chance de μ estar entre 59,07 kg e 60,93 kg.

Agora, vamos resolver esse exemplo, supondo nível de confiança igual a 99%.

Queremos determinar $P(\overline{X} - c < \mu < \overline{X} + c) = 0{,}99$.

Vamos calcular z:

$$\frac{99\%}{2} = \frac{0{,}99}{2} = 0{,}4950\text{, que corresponde a } z = 2{,}58$$

Então:

$$c = z \cdot \frac{\sigma}{\sqrt{n}} = 2{,}58 \cdot \frac{3}{\sqrt{40}} = 1{,}22$$

$P(60 - 1{,}22 < \mu < 60 + 1{,}22) = 0{,}99$

O intervalo de confiança é:

IC $(58,78 < \mu < 61,22) = 99\%$

Isso significa que há 99% de chance de μ estar entre 58,78 kg e 61,22 kg.

Observe que, quando aumentamos o nível de confiança para 99%, o intervalo de confiança ficou maior.

Exercícios resolvidos

1. Determine o intervalo de confiança onde se encontra a altura média da população de uma localidade, da qual faz parte uma amostra de 272 pessoas que têm altura média de 168 centímetros, com desvio padrão de 20 centímetros. Suponhamos um nível de confiança de 90%.

Queremos determinar $P(\overline{X} - c < \mu < \overline{X} + c) = 0,90$.

Inicialmente, vamos determinar o valor de z.

$$\frac{90\%}{2} = \frac{0,90}{2} = 0,45\text{, que corresponde a } z = 1,65$$

Como:

$$c = z \cdot \frac{\sigma}{\sqrt{n}}$$

Temos que:

$$c = 1,65 \cdot \frac{20}{\sqrt{272}} = 2,0$$

$P(168 - 2 < \mu < 168 + 2) = 0,90$

O intervalo de confiança é:

IC $(166 < \mu < 170) = 90\%$

Isso significa que há 90% de chance de μ estar entre 166 centímetros e 170 centímetros.

2. Um exportador de papel higiênico está preocupado com a metragem do seu produto. Sabe-se que tal metragem tem uma distribuição aproximadamente normal, com desvio padrão de 1 metro ($\sigma = 1$). Será feito um teste em um lote de 100 rolos de papel higiênico, cuja média é de 50 metros por rolo ($\overline{X} = 50$). Determine o intervalo de confiança para um nível de confiança igual a 95,44%.

Sabemos que:

$$c = z \cdot \frac{\sigma}{\sqrt{n}}$$

Então, temos:

$$S = \frac{1}{\sqrt{100}} = 0,1 \text{ metros}$$

Recordando a curva de distribuição normal, estudada no Capítulo 10, temos a representação no Gráfico 12.1:

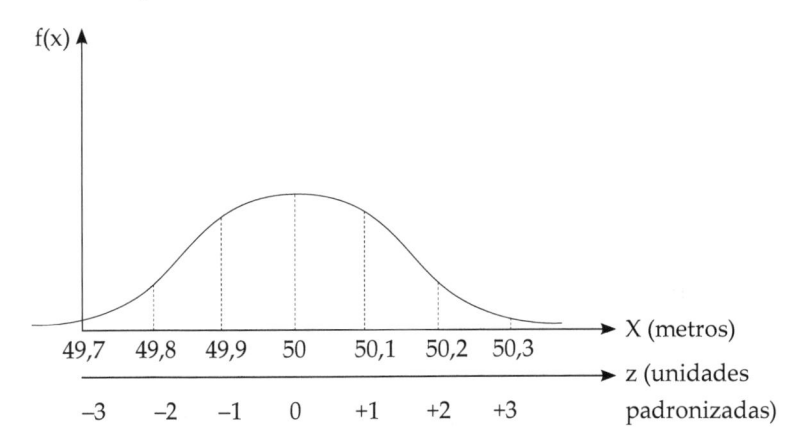

Como:

$$c = z \cdot \frac{\sigma}{\sqrt{n}}$$

e supondo-se um nível de confiança igual a 95,44% (z = 2, como visto anteriormente na Tabela 10.1), há 95,44% de chance de que a variável normal assuma um valor entre $\mu - 0,2$ e $\mu + 0,2$, pois $c = 2 \cdot 0,1$ ou seja $c = 0,2$.

No nosso exercício, $\overline{X} = 50$ (média da amostra). Então, esse valor só diverge do valor de μ (média da população) em mais de 0,2 metros para 4,56% da produção de papel higiênico, pois em 95,44% das amostras o exportador encontra uma divergência máxima no valor de μ igual a 0,2 metros.

Resposta: o intervalo de confiança é IC $(49,8 < \mu < 50,2) = 95,44\%$

> **Um novo conceito para você:** a diferença $\overline{X} - \mu$ é denominada *erro de estimativa* ou *erro de amostragem*. Mas como saber o erro exato se um cálculo de estimativa só é feito quando μ é desconhecido? É por isso que, para o cálculo de um erro de estimativa, devemos utilizar a teoria das probabilidades apresentada no capítulo 7.

3. Considerando-se o exercício 2, qual deve ser o tamanho da amostra para que, com uma probabilidade de 98%, sua estimativa não esteja errada em mais de 0,15 metros?

Para 98%, temos z = 2,33 (ver Tabela 10.1).

Então, o valor de n (nossa amostra) deve ser tal que 2,33 desvios padrão para $\overline{X}$ seja igual a 0,15. Em outros termos:

$2,33 \cdot S = 0,15$

Como $S = \dfrac{\sigma}{\sqrt{n}}$ e $\sigma = 1$

temos:

$2,33 \cdot \dfrac{1}{\sqrt{n}} = 0,15$

$\sqrt{n} = \dfrac{2,33}{0,15} = 15,533$

$n = 15,533^2$

Resposta: A amostra (n) deve ser de 241 rolos de papel higiênico.

4. Supondo os dados do exercício 2, o nível de confiança passa a ser de apenas 70%. Nesse caso, qual é o tamanho da amostra?

70% corresponde a um z = 1,04

Temos, então:

$$1,04 \cdot \frac{1}{\sqrt{n}} = 0,15$$

$$n = \left(\frac{1,04}{0,15}\right)^2 = \frac{1,0816}{0,0225} = 48,87...$$

Resposta: A amostra (n) passa ser de 48 rolos de papel higiênico.

5. Considerando ainda as informações do exercício 2, qual é o intervalo de confiança para nível de confiança igual a 97% e uma amostra de 100 rolos de papel?

Para nível de confiança igual a 97%, o valor de z é 2,17 (ver Tabela 10.1).

Como a população é infinita, $c = z \dfrac{\sigma}{\sqrt{n}}$

$$c = 2,17 \cdot \frac{1}{\sqrt{100}}$$

$c = 0,217$

$P(50 - 0,217 < \mu < 50 + 0,217) = 0,97$

O intervalo de confiança é:

IC $(49,783 < \mu < 50,217) = 97\%$

Resposta: Há 97% de chance de μ estar entre 49,783 m e 50,217 m.

6. Os dados a seguir relacionam-se ao consumo de energia de cem residências em um bairro de baixa renda de Curitiba, em kWh (quilowatts hora).

45 55 48 56 70 66 88 58 46 55

76 41 67 84 40 59 67 82 53 90

53 86 74 75 43 58 91 83 76 50

44 70 85 49 51 43 76 77 85 57

67 69 75 46 47 58 60 64 80 49

61 66 90 87 45 46 88 74 56 50

44 75 78 93 45 82 81 41 55 58

60 60 53 78 64 49 63 71 70 44

77 54 69 72 90 73 57 50 55 60

51 88 85 45 66 78 46 54 57 59

A média e o desvio padrão dessa população, já são conhecidas e têm os seguintes valores:

$\mu = 64$

$\sigma = 14,82$

Considere como amostra as três primeiras dos dados (30 elementos). Monte uma distribuição de frequências. A seguir, calcule a média e o desvio padrão dessa amostra. Finalmente, determine o intervalo de confiança para 97% de nível de confiança.

Vamos, então, montar a distribuição de frequências (uma tabela).

Dados	f
40	1
41	1
43	1
45	1
46	1
48	1
50	1
53	2
55	2
56	1
58	2
59	1
66	1
67	2
70	1
74	1
75	1
76	2
82	1
83	1
84	1
86	1
88	1
90	1
91	1
Σ 1 935	30

A média da amostra é:

$$\overline{X} = \frac{1\,935}{30} = 64,5$$

Para nível de confiança de 97% temos:

$$\frac{97\%}{2} = \frac{0,97}{2} = 0,485 \text{ que corresponde a } z = 2,17$$

Como:

$$c = z \cdot \frac{\sigma}{\sqrt{n}} = 2{,}87 \cdot \frac{14{,}82}{\sqrt{30}} = 5{,}87$$

$P(64{,}5 - 5{,}87 < \mu < 64{,}5 + 5{,}87) = 0{,}97$

$IC(58{,}63 < \mu < 70{,}37) = 97\%$

Resposta: Há 97% de chance de μ estar entre 58,63 kWh e 70,37 kWh.

7. Calcule o intervalo de confiança considerando os dados do exercício 6, para nível de confiança igual a 85%.

$$\frac{85\%}{2} = \frac{0{,}85}{2} = 0{,}425, \text{ que corresponde a } z = 1{,}44$$

$$c = z \cdot \frac{\sigma}{\sqrt{n}} = 1{,}44 \cdot \frac{14{,}82}{\sqrt{30}} = 3{,}9$$

$P(64{,}5 - 3{,}9 < \mu < 64{,}5 + 3{,}9) = 0{,}85$

$IC(60{,}6 < \mu < 68{,}4) = 85\%$

Resposta: Há 85% de chance de μ estar entre 60,6 kWh e 68,4 kWh.

8. Justifique o fato de o intervalo de confiança do exercício 6 ser maior que o do exercício 7.

Resposta: No exercício 6, exigiu-se um nível de confiança de 97% contra apenas 85% no exercício 7. Em razão disso, o intervalo no 6 é maior para aumentar a chance de μ encontrar-se ali.

Síntese

A **inferência estatística** implica admitirmos que os resultados obtidos na análise dos dados de uma amostra são válidos para toda a população da qual aquela amostra foi retirada. Consiste em obtermos e generalizarmos conclusões sobre dada característica de uma população a partir de informações colhidas da amostra. Já havíamos estudado esses conceitos no

Capítulo 1 e voltamos a eles para fazermos uma sequência de construção de conhecimentos que nos permitissem aplicarmos em situações de elaborações estatísticas os processos e concepções de:

- amostragem;
- tamanho de uma amostra;
- estimação;
- estimativa por ponto e por intervalo;
- intervalo de confiança;
- nível de confiança.

Concluímos esses procedimentos com exemplos de aplicação de intervalos de confiança.

Questões para revisão

Assinale a alternativa correta nos exercícios a seguir.

1. Determine o intervalo de confiança onde se encontra o peso médio da população de uma localidade, da qual faz parte uma amostra de 64 pessoas que têm peso médio de 68 kg, com desvio padrão de 3 kg. Suponha um nível de confiança de 90%.

   ( ) IC $(67,38 < \mu < 68,62) = 90\%$

   ( ) IC $(67,92 < \mu < 68,08) = 90\%$

   ( ) IC $(63,05 < \mu < 72,95) = 90\%$

   ( ) IC $(63,60 < \mu < 72,40) = 90\%$

   ( ) IC $(66,35 < \mu < 69,65) = 90\%$

221

2. Determine o intervalo de confiança onde se encontra a altura média da população de uma localidade, da qual faz parte uma amostra de 138 pessoas que têm altura média de 162 centímetros, com desvio padrão de 18 centímetros. Suponhamos um nível de confiança de 95%.

( ) IC $(153 < \mu < 171) = 95\%$

( ) IC $(126{,}72 < \mu < 197{,}28) = 95\%$

( ) IC $(156 < \mu < 168) = 95\%$

( ) IC $(144 < \mu < 180) = 95\%$

( ) IC $(159 < \mu < 165) = 95\%$

3. Considere os dados sobre o consumo de energia do Exercício resolvido 6. Em seguida, considere a amostra constituída pelas três últimas linhas (30 elementos), ou seja:

60 60 53 78 64 49 63 71 70 44

77 54 69 72 90 73 57 50 55 60

51 88 85 45 66 78 46 54 57 59

Determine o intervalo de confiança para 99% de nível de confiança.

Lembre-se de que conhecemos a média e o desvio padrão dessa população. Os valores são: $\mu = 64$ e $\sigma = 14{,}82$.

Calcule o valor de c com duas casas após a vírgula.

( ) IC $(56{,}29 < \mu < 70{,}25) = 99\%$

( ) IC $(61{,}72 < \mu < 66{,}88) = 99\%$

( ) IC $(62{,}39 < \mu < 66{,}21) = 99\%$

( ) IC $(50{,}70 < \mu < 77{,}90) = 99\%$

( ) IC $(57{,}80 < \mu < 70{,}80) = 99\%$

4. No exercício 3, qual seria o intervalo de confiança para um nível de confiança de 75,80%?

( ) IC (57,80 < μ < 70,80) = 75,80%

( ) IC (46,96 < μ < 81,64) = 75,80%

( ) IC (62,39 < μ < 66,21) = 75,80%

( ) IC (60,10 < μ < 66,44) = 75,80%

( ) IC (50,70 < μ < 77,90) = 75,80%

5. Determine o intervalo de confiança onde se encontra o salário médio dos empregados de uma empresa, da qual faz parte uma amostra de 96 empregados que recebem salário médio de R$ 1.840,00, com desvio padrão de R$ 300,00. Suponhamos um nível de confiança de 95%.

( ) IC (1 540 < μ < 2 140) = 95%

( ) IC (1 252 < μ < 2 428) = 95%

( ) IC (1 780 < μ < 1 900) = 95%

( ) IC (1 600 < μ < 2 080) = 95%

( ) IC (1 744 < μ < 1 936) = 95%

6. De acordo com o que foi exposto neste capítulo, como se define o processo de inferência estatística?

7. O que é um intervalo de confiança?

capítulo 13

Teste de hipóteses

Conteúdos do capítulo

- Conceituação de teste de hipóteses.
- Tipos de hipóteses e etapas de um teste de hipóteses.
- Níveis de significância e as regiões de rejeição e aceitação das hipóteses.

Após o estudo deste capítulo, você será capaz de:

1. definir teste de hipóteses e seus fatores;
2. aplicar teste de hipóteses.

Teste de hipóteses

Teste de hipóteses é uma técnica para se fazer inferência estatística. (Fonseca, Martins, 1996)

Isso significa dizer que, a partir de um teste realizado com os dados de uma amostra, pode-se inferir sobre a população a que essa amostra pertence.

Lembre-se de que, quando desejamos avaliar um parâmetro populacional, cujo valor não conhecemos, temos de o estimar por intermédio do **intervalo de confiança**. Mas, se conhecemos o valor desse parâmetro que desejamos avaliar, podemos testá-lo para verificar se é verdadeiro ou falso.

Uma hipótese estatística é, portanto, uma suposição quanto ao valor de um parâmetro populacional. O teste de hipóteses é uma técnica que permite aceitar ou rejeitar a hipótese estatística, a partir dos dados da amostra dessa população.

Vamos iniciar nossa análise considerando como exemplo o lançamento de uma moeda.

Ao jogarmos uma moeda, admitimos que a mesma é honesta (ou equilibrada), isto é, em qualquer jogada há igual probabilidade (50%/50%) de obtermos cara ou coroa.

E como podemos ter certeza de que a moeda é realmente honesta ou equilibrada? Suponhamos que, ao jogar uma moeda, desejamos obter o resultado cara.

Façamos inicialmente uma constatação óbvia: se a moeda tem duas caras, então p = 1; se a moeda tem duas coroas, então p = 0. Continua difícil afirmar que a moeda é honesta ou equilibrada. Não basta olhar para a moeda e a jogarmos apenas uma vez: é impossível afirmar que ela é ou não honesta ou equilibrada. Faz-se necessário jogá-la um grande número de vezes e observar os resultados para termos alguma base de julgamento.

Hipótese nula e hipótese alternativa

Hipótese nula (H_0) é a informação que será testada. É a informação a respeito do valor do parâmetro que desejamos avaliar (Werkema, 2014).

Hipótese alternativa (H_1) é a que afirma que a hipótese nula é falsa. É a afirmação a respeito do valor do parâmetro que aceitaremos como verdadeiro, caso a hipótese nula seja rejeitada.

Observe que a hipótese nula é uma igualdade, enquanto a hipótese alternativa é uma desigualdade. Por exemplo:

a) H_0: μ = 70 kg

   H_1: μ > 70 kg;

b) H_0: μ = 70 kg

   H_1: μ < 70 kg;

c) H_0: μ = 70 kg

   H_1: $\mu \neq$ 70 kg.

Continuemos a análise da moeda para melhorarmos o entendimento de hipótese nula e de hipótese alternativa.

Primeiro, decidimos quanto à hipótese a ser testada. No caso da moeda (anteriormente comentada), a hipótese é que p = 0,5.

No exemplo em foco, a hipótese alternativa é que a moeda não seja honesta ou equilibrada (p ≠ 0,5).

Como só temos duas possibilidades, sabemos que ou a hipótese nula ou a hipótese alternativa é verdadeira. Nosso problema consiste em aceitar a hipótese nula e dizer que a moeda é honesta ou equilibrada ou rejeitá-la e afirmar que a moeda não é honesta ou equilibrada. O que fazer?

Intuitivamente, sabemos que devemos jogar a moeda um grande número de vezes (n vezes) e verificar os resultados obtidos (cara ou coroa). Caso o número de caras esteja próximo a n/2, aceitamos a hipótese de que a moeda é honesta ou equilibrada. Caso contrário (número de caras muito diferente de n/2), rejeitamos tal hipótese. Aí, surge a pergunta: Quão diferente de n/2 o resultado deve ser para que possamos aceitar ou rejeitar a hipótese de que a moeda é honesta ou equilibrada?

Como mencionamos anteriormente, o teste de hipóteses é uma técnica que permite aceitar ou rejeitar a hipótese estatística, considerando-se dados da amostra dessa população. Logo, usaremos uma amostra da população em estudo, para verificar se ela confirma ou não o valor do parâmetro informado pela hipótese nula. Entretanto, pela aceitação ou não de uma hipótese nula, podemos cometer erros na decisão.

Voltemos à análise da moeda.

O processo de teste é o seguinte: escolhemos um número c e, se o número de caras está entre (n/2 − c) e (n/2 + c), aceitamos a hipótese nula, bem como concluímos que a moeda é honesta ou equilibrada; caso contrário, podemos afirmar que a moeda não é honesta.

A região de (n/2 − c) a (n/2 + c) é denominada *região de aceitação*, e a região para a qual a hipótese nula será rejeitada, *região de rejeição* ou *região crítica* (ver Figura 13.1). Mas o nosso problema continua, pois não sabemos quão grande pode ser o valor de c.

Figura 13.1 – Regiões de aceitação e de rejeição de uma hipótese

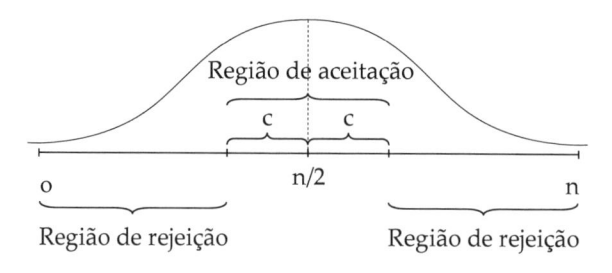

Erros do tipo 1 e do tipo 2

Há várias formas de realizarmos o teste de hipóteses. Entretanto, corremos o risco de rejeitar uma hipótese que é verdadeira ou de aceitá-la quando é falsa. Portanto, há dois tipos possíveis de erros, os quais estão representados no quadro a seguir.

Quadro 13.1 – Tipos de erro do teste de hipóteses

	Aceita-se a hipótese nula (H_0)	Rejeita-se a hipótese nula ($\overline{H_0}$)
H_0 é verdadeira.	Decisão correta	Erro do tipo 1
H_0 é falsa.	Erro do tipo 2	Decisão correta

Para melhor compreendermos esse quadro, voltemos ao caso da moeda.

Há sempre o desejo de acertar ao se fazer um julgamento sobre a hipótese nula. Entretanto, só há duas maneiras de acertar: aceitando a hipótese nula quando ela é verdadeira, ou rejeitando-a quando ela é falsa.

Logo, há duas possibilidades de errar:

a) rejeitando a hipótese nula quando ela for verdadeira;

b) ou aceitando-a quando ela for falsa.

O primeiro tipo de erro é chamado *tipo 1*; o segundo, *tipo 2*.

Naturalmente, é maior a preocupação com a possibilidade de rejeitar de forma equivocada a hipótese nula, ou seja, é maior cuidado em evitar o erro do tipo 1.

Normalmente, fixa-se um limite superior para a probabilidade de se cometer um erro do tipo 1. O valor mais comum para esse limite é de 5%, sendo que em alguns casos, aceita-se 10%.

Nível de significância

Nível de significância do teste é o nome dado à probabilidade de se cometer um erro do tipo 1. Dizemos, por exemplo, que o teste de hipóteses está planejado com nível de significância igual a 5%. Vamos chamá-lo de α (alfa)* (no caso, $\alpha = 5\%$).

---

* α é a letra grega minúscula que corresponde à letra *a* do nosso alfabeto.

Observe que um erro do tipo 1 é, socialmente, mais importante que um erro do tipo 2. Vejamos alguns exemplos práticos de análise do nível de significância.

1º) Suponhamos a decisão de aprovar ou reprovar um aluno na prova final.

	Aprovar o aluno	Reprovar o aluno
O aluno tirou nota mínima.	Decisão correta	Erro do tipo 1
O aluno não tirou nota mínima.	Erro do tipo 2	Decisão correta

2º) Suponhamos que um médico precisa decidir se vai ou não retirar um tumor benigno de um paciente.

	Opera o paciente	Não opera o paciente
O paciente precisa ser operado.	Decisão correta	Erro do tipo 1
O paciente não precisa ser operado.	Erro do tipo 2	Decisão correta

Identificamos como α (alfa) a probabilidade de cometer um erro do tipo 1, chamaremos de β (beta)* a probabilidade de cometer um erro do tipo 2.

Região de rejeição e região de aceitação

Para a análise da região de rejeição e da região de aceitação, precisamos fazer três considerações.

a) H_0: parâmetro = x

H_1: parâmetro > x

Nessa primeira consideração, se uma amostra aleatória fornecer uma estimativa menor ou igual a x, devemos aceitar a hipótese nula (H_0). Caso H_0 seja verdadeira, teremos tomado a decisão correta. Contudo, se a amostra aleatória fornecer uma estimativa muito maior que x, provavelmente rejeitaremos H_0. Assim, se a hipótese nula for verdadeira, teremos cometido um erro do tipo 1.

Por exemplo, se y é a distribuição amostral do parâmetro, então a região de aceitação da hipótese nula é a região à esquerda de y e a região de rejeição é a região à direita de y, conforme ilustrado a seguir.

---

* β é a letra grega minúscula que corresponde à letra *b* do nosso alfabeto.

Figura 13.2 – Regiões de aceitação e de rejeição com amostra aleatória menor ou igual a x

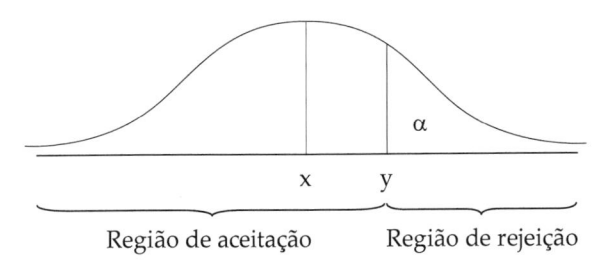

```
                    ___
                   /   |\
                  /    | \
                 /     |  \
                /      | α \
               /       |    \
              /_____|_____\
                    x   y
              _____/_____/
            Região de aceitação  Região de rejeição
```

b) H_0: parâmetro = x

   H_1: parâmetro < x

Nessa segunda consideração, se uma amostra aleatória fornecer uma estimativa maior ou igual a x, devemos aceitar a hipótese nula (H_0). Caso H_0 seja verdadeira, teremos tomado a decisão correta. No entanto, se a amostra aleatória fornecer uma estimativa muito menor que x, provavelmente rejeitaremos H_0. Assim, se a hipótese nula for verdadeira, teremos cometido um erro do tipo 1.

Por exemplo, se y é a distribuição amostral do parâmetro, então a região de aceitação da hipótese nula é a região à direita de y e a região de rejeição é a região à esquerda de y, conforme ilustrado a seguir.

Figura 13.3 – Regiões de aceitação e de rejeição com amostra aleatória maior ou igual a x

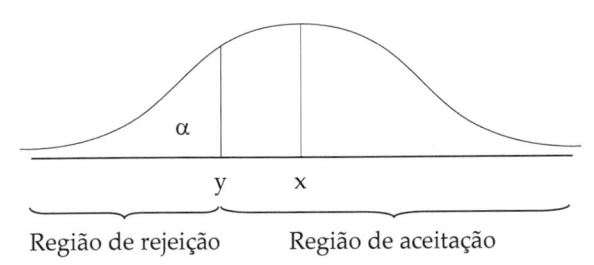

```
                    ___
                   /|   \
                  / |    \
                 /  |     \
                / α |      \
               /    |       \
              /_____|_____\
                    y   x
              _____/_____/
            Região de rejeição  Região de aceitação
```

c) H_0: parâmetro = x

   H_1: parâmetro ≠ x

Nessa terceira consideração, se uma amostra aleatória fornecer uma estimativa próxima a x, devemos aceitar a hipótese nula (H_0). Caso H_0 seja verdadeira, teremos tomado a decisão correta. Mas, se a amostra aleatória fornecer uma estimativa ou muito maior que x ou muito menor que x, provavelmente rejeitaremos H_0. Assim, se a hipótese nula for verdadeira, teremos cometido um erro do tipo 1.

Por exemplo, se y_1 ou y_2 é a distribuição amostral do parâmetro, então a região de aceitação da hipótese nula é a região à esquerda de y_2 ou à direita de y_1, conforme ilustrado a seguir.

Figura 13.4 – Regiões de aceitação e de rejeição com amostra aleatória muito maior ou muito menor que x

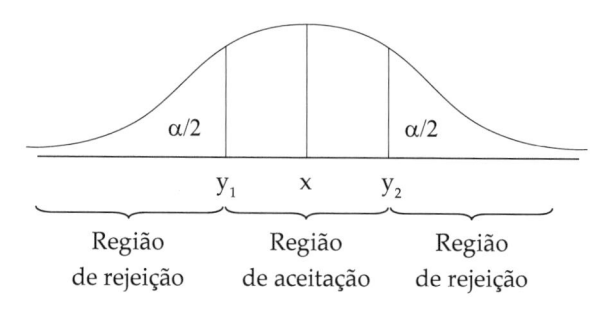

Etapas de um teste de hipóteses

Para qualquer teste de hipóteses, devemos observar as seguintes etapas:

a) enunciar a hipótese a ser testada (H_0) e a hipótese alternativa (H_1);

b) a partir de H_1, definir o tipo de teste que será usado para testar H_0;

c) fixar o limite de erro (α), ou seja, fixar a probabilidade de cometer-se um erro do tipo 1;

d) determinar a região de rejeição e a região de aceitação;

e) com os elementos amostrais, calcular o estimador e verificar se ele se encontra ou na região de rejeição ou na região de aceitação;

f) se o estimador estiver na região de aceitação, aceitar H_0; se o estimador estiver na região de rejeição, rejeitar H_0.

Caso não conheçamos σ (desvio padrão populacional), usaremos S (desvio padrão amostral).

Teste para médias

Um ótimo estimador para a média populacional (μ) é a média amostral (X). A distribuição amostral das médias é normal, com:

$$Z_r = \frac{\overline{X} - \mu}{\frac{\sigma}{\sqrt{n}}}$$

em que Z_r é o teste Z de uma amostra.

Vamos analisar um exemplo de distribuição amostral de médias.

Primeiramente analisaremos a situação.

$H_0: \mu = x$

$H_1: \mu > x$

Suponhamos uma amostra aleatória de 100 elementos, com média igual a 70, retiradas de uma população normal com desvio padrão $\sigma = 5$. Considerando-se um nível de significância de 5%, vamos testar a hipótese de que a média populacional (μ) seja igual a 69. Suponhamos a hipótese alternativa $\mu > 69$.

Vamos determinar a região de rejeição para $\alpha = 5\%$.

Consultando a tabela 35 do capítulo 10, verificamos que, para 5% temos z = 1,65, ou seja, 50% − 5% = 45% = 0,45.

Vamos, agora, determinar z para a região de rejeição (z_r).

$$Z_r = \frac{70 - 69}{\frac{5}{\sqrt{100}}}$$

$$Z_r = \frac{1}{\frac{5}{10}}$$

$Z_r = 2$

Verificamos que o valor de Z_r está na região de rejeição para a hipótese nula, pois $Z_r > 1{,}65$. Portanto, a hipótese nula deve ser rejeitada.

Exercícios resolvidos

1. Sabendo que:

   $H_0: \mu = x$

   $H_1: \mu < x$

   suponha uma amostra aleatória de 81 elementos, com média igual a 92, retirados de uma população normal com desvio padrão $\sigma = 5$. Considerando um nível de significância de 10%, teste a hipótese de que a média populacional (μ) seja igual a 93. Suponha a hipótese alternativa $\mu < 93$.

   Vamos determinar a região de rejeição para $\alpha = 10\%$.

   Consultando a Tabela 10.1, verificamos que, para 10%, temos $z = -1,28$, ou seja, 50% − 10% = 40% = − 0,40.

   Vamos, agora, determinar z para a região de rejeição (Z_r).

   $$Z_r = \frac{92-93}{\frac{5}{\sqrt{81}}} = \frac{-1}{\frac{5}{9}} = -1,80$$

   Resposta: O valor de Z_r está na região de rejeição para a hipótese nula, uma vez que $Z_r < -1,28$. Portanto, a hipótese nula deve ser rejeitada.

2. Sabendo que:

   $H_0: \mu = x$

   $H_1: \mu > x$

   suponhamos uma amostra aleatória de 144 elementos, com média igual a 68, retirados de uma população normal com desvio padrão $\sigma = 8$. Nesse caso, considerando um nível de significância de 5%, teste a hipótese de que a média populacional (μ) seja igual a 67. Suponha a hipótese alternativa $\mu > 67$.

   Vamos determinar a região de rejeição para $\alpha = 5\%$.

   Consultando a Tabela 10.1, verificamos que, para 5%, temos $z = 1,65$, ou seja, 50% − 5% = 45% = 0,45.

Vamos, agora, determinar z para a região de rejeição (Zr).

$$Z_r = \frac{68-67}{\frac{8}{\sqrt{144}}} = \frac{1}{\frac{8}{12}} = 1,5$$

RESPOSTA: O valor de Z_r está na região de aceitação para a hipótese nula, pois $Z_r < 1,65$. Portanto, a hipótese nula deve ser aceita.

Síntese

Uma vez considerada a hipótese estatística uma suposição quanto ao valor de um parâmetro populacional, utilizamos o teste de hipóteses por ser uma técnica que possibilita aceitar ou rejeitar tal hipótese a partir dos dados da amostra dessa população. E, para realizarmos esse processo, precisamos de clareza quanto ao que seja:

- hipótese nula e hipótese alternativa;
- erros do tipo 1 e do tipo 2;
- nível de significância;
- região de rejeição e região de aceitação;
- etapas de um teste de hipóteses;
- teste para médias.

Assim, conceituamos todos esses aspectos, para em seguida aplicá-los em situações concretas que os habilitam para realizar uma inferência estatística: o teste de hipóteses.

Questões para revisão

Marque a alternativa correta nos exercícios a seguir.

1. Tem-se uma amostra aleatória de 64 elementos, com média igual a 50, retirada de uma população normal com desvio padrão $\sigma = 6$. Considerando um nível de significância de 5%, teste a hipótese de que a média populacional (μ) seja igual a 52, sendo a hipótese alternativa $\mu < 52$.

( ) $z_r = 1{,}65$ e está na região de aceitação

( ) $z_r = -1{,}65$ e está na região de aceitação

( ) $z_r = 2{,}67$ e está na região de aceitação

( ) $z_r = -2{,}67$ e está na região de rejeição

( ) $z_r = -1{,}65$ e está na região de rejeição

2. Tem-se uma amostra aleatória de 100 elementos, com média igual a 88, retiradas de uma população normal com desvio padrão $\sigma = 20$. Considerando um nível de significância de 5%, teste a hipótese de que a média populacional (μ) seja igual a 85, sendo a hipótese alternativa $\mu > 85$.

( ) $z_r = -1{,}65$ e está na região de rejeição

( ) $z_r = -1{,}5$ e está na região de rejeição

( ) $z_r = 1{,}5$ e está na região de aceitação

( ) $z_r = -1{,}5$ e está na região de aceitação

( ) $z_r = 1{,}5$ e está na região de rejeição

3. Um empacotador automático de café funciona de maneira que a quantidade de café em cada pacote de 500 gramas tenha uma distribuição normal com variância igual a 25. Foram dadas 10 amostras com os seguintes pesos: 508, 510, 494, 500, 505, 511, 508, 499, 496, 489. Considerando um nível de significância de 5%, teste a hipótese de que a média μ seja igual a 500, sendo a hipótese alternativa $\mu > 500$.

( ) A hipótese que $\mu = 500$ é aceita, pois $z_r < 1{,}65$.

( ) A hipótese que $\mu = 500$ é rejeitada, pois $z_r < 1{,}65$.

( ) A hipótese que $\mu = 500$ é aceita, pois $z_r > 1{,}65$.

( ) A hipótese que $\mu = 500$ é rejeitada, pois $z_r > 1{,}65$.

( ) A hipótese que $\mu = 500$ é rejeitada, pois $z_r = 1{,}65$.

4. Tem-se uma amostra aleatória de 40 elementos, com média igual a 100, retiradas de uma população normal com desvio padrão σ = 12. Considerando um nível de significância de 10%, teste a hipótese de que a média populacional (μ) seja igual a 102, sendo a hipótese alternativa μ < 102.

( ) A hipótese nula será rejeitada, porque Z_r está na região de aceitação.

( ) A hipótese nula será rejeitada, porque Z_r está na região de rejeição.

( ) A hipótese nula será aceita, porque Z_r está na região de aceitação.

( ) A hipótese nula será aceita, porque Z_r está na região de rejeição.

( ) A hipótese nula será rejeitada, porque não se pode determinar Z_r.

5. Tem-se uma amostra aleatória de 30 elementos, com média igual a 48, retiradas de uma população normal com desvio padrão σ = 10. Considerando um nível de significância de 10%, teste a hipótese de que a média populacional (μ) seja igual a 46, sendo a hipótese alternativa μ > 46.

( ) A hipótese nula será rejeitada, porque Z_r está na região de aceitação.

( ) A hipótese nula será rejeitada, porque Z_r está na região de rejeição.

( ) A hipótese nula será aceita, porque Z_r está na região de aceitação.

( ) A hipótese nula será aceita, porque Z_r está na região de rejeição.

( ) A hipótese nula será rejeitada, porque não se pode determinar Z_r.

6. O que são hipótese nula e hipótese alternativa?

7. O que significa no teste de hipóteses *nível de significância*?

capítulo 14

Análise da variância (Anova)

Conteúdos do capítulo

- Conceituação do método de análise da variância (Anova).
- Aplicação da Anova em situações práticas.

Após o estudo deste capítulo, você será capaz de:

1. conceituar o método de variância (Anova);
2. aplicar o cálculo de análise da variância em situações práticas.

Já estudamos no teste de hipóteses como verificar a igualdade entre duas médias. Entretanto, se precisarmos comparar três ou mais médias, simultaneamente, a comparação duas a duas seria um trabalho pouco eficiente.

Para solucionar esse problema, Fisher* criou a denominada *Análise da variância* (*Anova*), que permite comparar, simultaneamente, as médias de várias amostras, desde que:

a) tais amostras tenham sido extraídas de populações que têm distribuição normal;

b) as populações tenham o mesmo valor de variância;

c) tais amostras sejam aleatórias e independentes.

O método de análise da variância consiste em dividir a variância em componentes úteis. O modelo mais simples de Anova é aquele em que observaremos os grupos considerando uma única propriedade.

Suponhamos que desejamos analisar as médias obtidas em Estatística pelos alunos de três diferentes localidades que assistem às aulas na modalidade a distância.

Vamos, então, considerar os seguintes resultados amostrais:

Localidade A: 8 – 7 – 8 – 6 – 9 – 7 – 6 – 7 – 8 – 9

Localidade B: 6 – 7 – 8 – 6 – 7 – 7 – 9 – 8 – 7 – 8

Localidade C: 7,5 – 6 – 6 – 6,5 – 7,5 – 6 – 5,5 – 8 – 8 – 7

---

* Ronald Aylmer Fisher (1890-1962) foi um estatístico, biólogo evolutivo e geneticista inglês.

Ao calcularmos as médias dessas três localidades, encontramos, respectivamente,

$\overline{X}_A = 7{,}5;$

$\overline{X}_B = 7{,}3;$

$\overline{X}_C = 6{,}8.$

O que desejamos saber é se essas diferenças entre as médias são significantes ou se podem ser atribuídas ao acaso.

Chamaremos, então, de: μ_A a média da localidade A; μ_B a média da localidade B e μ_C a média da localidade C.

Vamos testar a hipótese nula (H_0) que $\mu_A = \mu_B = \mu_C$.

A hipótese alternativa (H_1) afirma que as médias não são iguais (pelo menos duas são diferentes).

Se após o teste rejeitarmos H_0, concluímos que a propriedade considerada tem influência sobre a variável em análise. Lembre que o teste leva em consideração determinado nível de significância (por exemplo, $\alpha = 5\%$).

O primeiro passo é calcular as médias de cada amostra, a que chamaremos $\overline{X}_A$, $\overline{X}_B$ e $\overline{X}_C$, respectivamente.

Se $\overline{X}_A$, $\overline{X}_B$ e $\overline{X}_C$ estiverem próximas, tendemos a aceitar H_0 como verdadeira, ou seja, $\mu_A = \mu_B = \mu_C$.

Assim, o segundo passo é determinar a média total (média das médias) pela fórmula:

$$\overline{X} = \frac{\overline{X}_A + \overline{X}_B + \overline{X}_C}{m} = \frac{7{,}5 + 7{,}3 + 6{,}8}{3} = 7{,}2$$

A variância da amostra, para as três médias, será obtida pela fórmula:

$$S^2 = \frac{(\overline{X}_A - \overline{X})^2 + (\overline{X}_B - \overline{X})^2 + (\overline{X}_C - \overline{X})^2}{m - 1}$$

$$S^2 = \frac{(7{,}5 - 7{,}2)^2 + (7{,}3 - 7{,}2)^2 + (6{,}8 - 7{,}2)^2}{2}$$

$$S^2 = \frac{0{,}09 + 0{,}01 + 0{,}16}{2} = 0{,}13$$

Calculamos, na sequência, a variância amostral para cada grupo de resultados, conforme exposto na Tabela 14.1.

Tabela 14.1 – Variância amostral dos grupos em análise

X_A	X_B	X_C	$(\overline{X}_A - \overline{X}_A)^2$	$(\overline{X}_B - \overline{X}_B)^2$	$(\overline{X}_C - \overline{X}_C)^2$
8	6	7,5	0,25	1,69	0,49
7	7	6	0,25	0,09	0,64
8	8	6	0,25	0,49	0,64
6	6	6,5	2,25	1,69	0,09
9	7	7,5	2,25	0,09	0,49
7	7	6	0,25	0,09	0,64
6	9	5,5	2,25	2,89	1,69
7	8	8	0,25	0,49	1,44
8	7	8	0,25	0,49	1,44
9	8	7	2,25	0,49	0,04
$\Sigma = 75$	$\Sigma = 73$	$\Sigma = 68$	$\Sigma = 10,5$	$\Sigma = 8,1$	$\Sigma = 7,6$

$$S_A^2 = \frac{\Sigma (X_A - \overline{X}_A)^2}{n-1} = \frac{10,5}{9} = 1,17$$

$$S_B^2 = \frac{\Sigma (X_B - \overline{X}_B)^2}{n-1} = \frac{8,1}{9} = 0,90$$

$$S_C^2 = \frac{\Sigma (X_C - \overline{X}_C)^2}{n-1} = \frac{7,6}{9} = 0,84$$

Então, a média dessas variâncias amostrais é igual a:

$$\overline{S^2} = \frac{S_A^2 + S_B^2 + S_C^2}{m} = \frac{1,17 + 0,90 + 0,84}{3} = 0,97$$

Quanto maiores forem S_A^2, S_B^2 e S_C^2, maior será a probabilidade de $\overline{X}_A$, $\overline{X}_B$ e $\overline{X}_C$ serem diferentes. Logo, quanto maior for $\overline{S^2}$, maior será a chance de aceitarmos H_0.

Agora que conhecemos a variância da amostra para as três médias ($\overline{S^2}$) e a média das três variâncias amostrais (S^2), podemos calcular a *distribuição F* (denominada assim em homenagem a Fisher), pela fórmula:

$$F = \frac{n \cdot S^2}{\overline{S^2}}$$

No nosso exemplo,

$$F = \frac{10 \cdot 0,13}{0,97} = 1,34$$

Após a determinação do valor de F, precisamos consultar a Tabela 14.2 para encontrar o valor crítico de uma distribuição F. Caso o valor observado seja maior que o valor crítico, rejeitaremos H_0 e, caso contrário, aceitaremos H_0.

Verifique na tabela que, como n = 10 (φ_2) e m = 3 (φ_1), temos o resultado 3,71 (esse é o valor crítico). Como F = 1,34 para o nosso exemplo, aceitaremos H_0.

Tanto S^2 quanto $\overline{S^2}$ são estimativas não tendenciosas de σ^2 quando H_0 é verdadeira. Logo, são valores que tendem a ser iguais, o que faz F se aproximar de 1. Quando H_0 não é verdadeira, F assume um valor bem maior que 1.

> Resumindo, caso as médias sejam realmente iguais, F se aproxima de 1. Caso F seja muito maior que 1, rejeitamos H_0.

É importante observar que, no exemplo em foco, utilizamos o nível de significância α = 5%. Caso utilizemos outro nível de significância, outra tabela com os valores críticos de F será necessária. Consulte, por exemplo, a Tabela 14.3, com os valores críticos de 2,5% de F.

Vale também representarmos graficamente o grau de liberdade de F para α = 5% e α = 2,5%, conforme ilustram os Gráficos 14.1 e 14.2, respectivamente.

Capítulo 14

Tabela 14.2 – Valores críticos de 5% de F

φ_2	\multicolumn{20}{c}{Grau de liberdade do numerador de F (φ_1)}																			
	1	2	3	4	5	6	7	8	9	10	12	14	15	16	18	20	24	30	40	60	120	∞
1	161,45	199,50	215,71	224,58	230,16	233,99	236,77	238,88	240,54	241,88	243,90	245,40	245,95	246,50	247,30	248,02	249,05	250,10	251,10	252,20	253,30	254,30
2	18,51	19,00	19,16	19,25	19,30	19,33	19,35	19,37	19,38	19,40	19,41	19,42	19,43	19,43	19,44	19,45	19,45	19,46	19,47	19,48	19,49	19,50
3	10,13	9,55	9,28	9,12	9,01	8,94	8,89	8,85	8,81	8,79	8,74	8,72	8,70	8,69	8,67	8,66	8,64	8,62	8,59	8,57	8,55	8,53
4	7,71	6,94	6,59	6,39	6,26	6,16	6,09	6,04	6,00	5,96	5,91	5,87	5,86	5,84	5,82	5,80	5,77	5,75	5,72	5,69	5,66	5,63
5	6,61	5,79	5,41	5,19	5,05	4,95	4,88	4,82	4,77	4,74	4,68	4,64	4,62	4,60	4,58	4,56	4,53	4,50	4,46	4,43	4,40	4,36
6	5,99	5,14	4,76	4,53	4,39	4,28	4,21	4,15	4,10	4,05	4,00	3,96	3,94	3,92	3,90	3,87	3,84	3,81	3,77	3,74	3,70	3,67
7	5,59	4,74	4,35	4,12	3,97	3,87	3,79	3,73	3,68	3,64	3,57	3,53	3,51	3,49	3,47	3,44	3,41	3,38	3,34	3,30	3,27	3,23
8	5,32	4,46	4,07	3,84	3,69	3,58	3,50	3,44	3,39	3,35	3,28	3,24	3,22	3,20	3,17	3,15	3,12	3,08	3,04	3,01	2,97	2,93
9	5,12	4,26	3,86	3,63	3,48	3,37	3,29	3,23	3,18	3,14	3,07	3,03	3,01	2,99	2,96	2,94	2,90	2,86	2,83	2,79	2,75	2,71
10	4,96	4,10	3,71	3,48	3,33	3,22	3,14	3,07	3,02	2,98	2,91	2,87	2,85	2,83	2,80	2,77	2,74	2,70	2,66	2,62	2,58	2,54
11	4,84	3,98	3,59	3,36	3,20	3,09	3,01	2,95	2,90	2,85	2,79	2,74	2,72	2,70	2,67	2,65	2,61	2,57	2,53	2,49	2,45	2,40
12	4,75	3,89	3,49	3,26	3,11	3,00	2,91	2,85	2,80	2,75	2,69	2,64	2,62	2,60	2,57	2,54	2,51	2,47	2,43	2,38	2,34	2,30
13	4,67	3,81	3,41	3,18	3,03	2,92	2,83	2,77	2,71	2,67	2,60	2,55	2,53	2,52	2,48	2,46	2,42	2,38	2,34	2,30	2,25	2,21
14	4,60	3,74	3,34	3,11	2,96	2,85	2,76	2,70	2,65	2,60	2,53	2,48	2,46	2,44	2,41	2,39	2,35	2,31	2,27	2,22	2,18	2,13
15	4,54	3,68	3,29	3,06	2,90	2,79	2,71	2,64	2,59	2,54	2,48	2,42	2,40	2,39	2,35	2,33	2,29	2,25	2,20	2,16	2,11	2,07
16	4,49	3,63	3,24	3,01	2,85	2,74	2,66	2,59	2,54	2,49	2,42	2,37	2,35	2,33	2,30	2,28	2,24	2,19	2,15	2,11	2,06	2,01
17	4,45	3,59	3,20	2,96	2,81	2,70	2,61	2,55	2,49	2,45	2,38	2,34	2,31	2,29	2,26	2,23	2,19	2,15	2,10	2,06	2,01	1,96
18	4,41	3,55	3,16	2,93	2,77	2,66	2,58	2,51	2,46	2,41	2,34	2,29	2,27	2,25	2,22	2,19	2,15	2,11	2,06	2,02	1,97	1,92
19	4,38	3,52	3,13	2,90	2,74	2,63	2,54	2,48	2,42	2,38	2,31	2,26	2,23	2,22	2,18	2,16	2,11	2,07	2,03	1,98	1,93	1,88
20	4,35	3,49	3,10	2,87	2,71	2,60	2,51	2,45	2,39	2,35	2,28	2,22	2,20	2,18	2,15	2,12	2,08	2,04	1,99	1,95	1,90	1,84
21	4,32	3,47	3,07	2,84	2,68	2,57	2,49	2,42	2,37	2,32	2,25	2,20	2,18	2,16	2,12	2,10	2,05	2,01	1,96	1,92	1,87	1,81
22	4,30	3,44	3,05	2,82	2,66	2,55	2,46	2,40	2,34	2,30	2,23	2,17	2,15	2,13	2,10	2,07	2,03	1,98	1,94	1,89	1,84	1,78
23	4,28	3,42	3,03	2,80	2,64	2,53	2,44	2,37	2,32	2,27	2,20	2,15	2,13	2,11	2,08	2,05	2,01	1,96	1,91	1,86	1,81	1,76
24	4,26	3,40	3,01	2,78	2,62	2,51	2,42	2,36	2,30	2,25	2,18	2,13	2,11	2,09	2,05	2,03	1,98	1,94	1,89	1,84	1,79	1,73
25	4,24	3,39	2,99	2,76	2,60	2,49	2,40	2,34	2,28	2,24	2,16	2,11	2,09	2,07	2,04	2,01	1,96	1,92	1,87	1,82	1,77	1,71
26	4,23	3,37	2,98	2,74	2,59	2,47	2,39	2,32	2,27	2,22	2,15	2,09	2,07	2,05	2,02	1,99	1,95	1,90	1,85	1,80	1,75	1,69
27	4,21	3,35	2,96	2,73	2,57	2,46	2,37	2,31	2,25	2,20	2,13	2,08	2,06	2,04	2,00	1,97	1,93	1,88	1,84	1,79	1,73	1,67
28	4,20	3,34	2,95	2,71	2,56	2,45	2,36	2,29	2,24	2,19	2,12	2,06	2,04	2,02	1,99	1,96	1,91	1,87	1,82	1,77	1,71	1,65
29	4,18	3,33	2,93	2,70	2,55	2,43	2,35	2,28	2,22	2,18	2,10	2,05	2,03	2,01	1,97	1,94	1,90	1,85	1,81	1,75	1,70	1,64
30	4,17	3,32	2,92	2,69	2,53	2,42	2,33	2,27	2,21	2,16	2,09	2,04	2,01	1,99	1,96	1,93	1,89	1,84	1,79	1,74	1,68	1,62
40	4,08	3,23	2,84	2,61	2,45	2,34	2,25	2,18	2,12	2,08	2,00	1,95	1,92	1,90	1,87	1,84	1,79	1,74	1,69	1,64	1,58	1,51
60	4,00	3,15	2,76	2,53	2,37	2,25	2,17	2,10	2,04	1,99	1,92	1,86	1,84	1,81	1,78	1,75	1,70	1,65	1,59	1,53	1,47	1,39
120	3,92	3,07	2,68	2,45	2,29	2,17	2,09	2,02	1,96	1,91	1,83	1,77	1,75	1,72	1,69	1,66	1,61	1,55	1,50	1,43	1,35	1,25
∞	3,84	3,00	2,60	2,37	2,21	2,10	2,01	1,94	1,88	1,83	1,75	1,69	1,67	1,64	1,60	1,57	1,52	1,46	1,39	1,32	1,22	1,00

Análise da variância (Anova)

φ_2	Grau de liberdade do numerador de F (φ_1)																				
	1	2	3	4	5	6	7	8	9	10	12	14	15	16	18	20	24	30	40	60	120	∞
1	647,8	799,5	864,2	899,6	921,8	937,1	948,2	956,7	963,3	968,6	976,7	982,5	948,9	986,9	990,3	993,1	997,2	100,1	100,6	101,0	101,4	101,8
2	38,51	39,00	39,17	39,25	39,30	39,33	39,36	39,37	39,39	39,40	39,41	39,42	39,43	39,44	39,44	39,45	39,46	39,46	39,47	39,48	39,49	39,50
3	17,44	16,04	15,44	15,10	14,88	14,73	14,62	14,54	14,47	14,42	14,34	14,28	14,25	14,23	14,20	14,17	14,12	14,08	14,04	13,99	13,95	13,90
4	12,22	10,65	9,98	9,60	9,36	9,20	9,07	8,98	8,90	8,84	8,75	8,68	8,66	8,63	8,59	8,56	8,51	8,46	8,41	8,36	8,31	8,26
5	10,01	8,43	7,76	7,39	7,15	6,98	6,85	6,76	6,68	6,62	6,52	6,46	6,43	6,40	6,36	6,33	6,28	6,23	6,18	6,12	6,07	6,02
6	8,81	7,26	6,60	6,23	5,99	5,82	5,70	5,60	5,52	5,46	5,37	5,30	5,27	5,25	5,20	5,17	5,12	5,07	5,01	4,96	4,90	4,85
7	8,07	6,54	5,89	5,52	5,29	5,12	4,99	4,90	4,82	4,76	4,67	4,60	4,57	4,54	4,50	4,47	4,42	4,36	4,31	4,25	4,20	4,14
8	7,57	6,06	5,42	5,05	4,82	4,65	4,53	4,43	4,36	4,30	4,20	4,13	4,10	4,08	4,03	4,00	3,95	3,89	3,84	3,78	3,73	3,67
9	7,21	5,71	5,08	4,72	4,48	4,32	4,20	4,10	4,03	3,96	3,87	3,80	3,77	3,74	3,70	3,67	3,61	3,56	3,51	3,45	3,39	3,33
10	6,94	5,46	4,83	4,47	4,24	4,07	3,95	3,85	3,78	3,72	3,62	3,55	3,52	3,50	3,45	3,42	3,37	3,31	3,26	3,20	3,14	3,08
11	6,72	5,26	4,63	4,28	4,04	3,88	3,76	3,66	3,59	3,53	3,43	3,36	3,33	3,30	3,26	3,23	3,17	3,12	3,06	3,00	2,94	2,88
12	6,55	5,10	4,47	4,12	3,89	3,73	3,61	3,51	3,44	3,37	3,28	3,21	3,18	3,15	3,11	3,07	3,02	2,96	2,91	2,85	2,79	2,72
13	6,41	4,97	4,35	4,00	3,77	3,60	3,48	3,39	3,31	3,25	3,15	3,08	3,05	3,03	2,98	2,95	2,89	2,84	2,78	2,72	2,66	2,60
14	6,30	4,86	4,24	3,89	3,66	3,50	3,38	3,29	3,21	3,15	3,05	2,98	2,95	2,92	2,88	2,84	2,79	2,73	2,67	2,61	2,55	2,49
15	6,20	4,77	4,15	3,80	3,58	3,41	3,29	3,20	3,12	3,06	2,96	2,89	2,86	2,84	2,79	2,76	2,70	2,64	2,59	2,52	2,46	2,40
16	6,12	4,69	4,08	3,73	3,50	3,34	3,22	3,12	3,05	2,99	2,89	2,82	2,79	2,76	2,72	2,68	2,63	2,57	2,51	2,45	2,38	2,32
17	6,04	4,62	4,01	3,66	3,44	3,28	3,16	3,06	2,98	2,92	2,82	2,75	2,72	2,70	2,65	2,62	2,56	2,50	2,44	2,38	2,32	2,25
18	5,98	4,56	3,95	3,61	3,38	3,22	3,10	3,01	2,93	2,87	2,77	2,70	2,67	2,64	2,60	2,56	2,50	2,44	2,38	2,32	2,26	2,19
19	5,92	4,51	3,90	3,56	3,33	3,17	3,05	2,96	2,88	2,82	2,72	2,65	2,62	2,59	2,55	2,51	2,45	2,39	2,33	2,27	2,20	2,13
20	5,87	4,46	3,86	3,51	3,29	3,13	3,01	2,91	2,84	2,77	2,68	2,60	2,57	2,55	2,50	2,46	2,41	2,35	2,29	2,22	2,16	2,09
21	5,83	4,42	3,82	3,48	3,25	3,09	2,97	2,87	2,80	2,73	2,64	2,56	2,53	2,51	2,46	2,42	2,37	2,31	2,25	2,18	2,11	2,04
22	5,79	4,38	3,78	3,44	3,22	3,05	2,93	2,84	2,76	2,70	2,60	2,53	2,50	2,47	2,42	2,39	2,33	2,27	2,21	2,14	2,08	2,00
23	5,75	4,35	3,75	3,41	3,18	3,02	2,90	2,81	2,73	2,67	2,57	2,50	2,47	2,44	2,39	2,36	2,30	2,24	2,18	2,11	2,04	1,97
24	5,72	4,32	3,72	3,38	3,15	2,99	2,87	2,78	2,70	2,64	2,54	2,47	2,44	2,41	2,37	2,33	2,27	2,21	2,15	2,08	2,01	1,94
25	5,69	4,29	3,69	3,35	3,13	2,97	2,85	2,75	2,68	2,61	2,51	2,44	2,41	2,38	2,34	2,30	2,24	2,18	2,12	2,05	1,98	1,91
26	5,66	4,27	3,67	3,33	3,10	2,94	2,82	2,73	2,65	2,59	2,49	2,42	2,39	2,36	2,31	2,28	2,22	2,16	2,09	2,03	1,92	1,88
27	5,63	4,24	3,65	3,31	3,08	2,92	2,80	2,71	2,63	2,57	2,47	2,40	2,36	2,34	2,29	2,25	2,19	2,13	2,07	2,00	1,93	1,85
28	5,61	4,22	3,63	3,29	3,06	2,90	2,78	2,69	2,61	2,55	2,45	2,37	2,34	2,32	2,27	2,23	2,17	2,11	2,05	1,98	1,91	1,83
29	5,59	4,20	3,61	3,27	3,04	2,88	2,76	2,67	2,59	2,53	2,43	2,36	2,32	2,30	2,25	2,21	2,15	2,09	2,03	1,96	1,89	1,81
30	5,57	4,18	3,59	3,25	3,03	2,87	2,75	2,65	2,57	2,51	2,41	2,34	2,31	2,28	2,23	2,20	2,14	2,07	2,01	1,94	1,87	1,79
40	5,42	4,05	3,46	3,13	2,90	2,74	2,62	2,53	2,45	2,39	2,29	2,21	2,18	2,15	2,11	2,07	2,01	1,94	1,88	1,80	1,72	1,64
60	5,29	3,93	3,34	3,01	2,79	2,63	2,51	2,41	2,33	2,27	2,17	2,09	2,06	2,03	1,98	1,94	1,88	1,82	1,74	1,67	1,58	1,48
120	5,15	3,80	3,23	2,89	2,67	2,52	2,39	2,30	2,22	2,16	2,05	1,98	1,94	1,92	1,86	1,82	1,76	1,69	1,61	1,53	1,43	1,31
∞	5,02	3,69	3,12	2,79	2,57	2,41	2,29	2,19	2,11	2,05	1,94	1,86	1,83	1,80	1,75	1,71	1,64	1,57	1,48	1,39	1,27	1,00

Gráfico 14.1 – Valor crítico de F para $\alpha = 5\%$

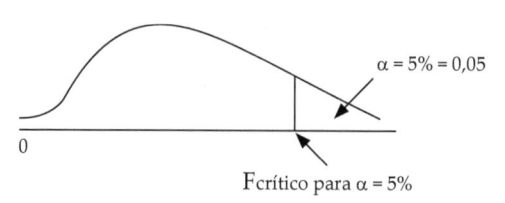

$\alpha = 5\% = 0,05$

Fcrítico para $\alpha = 5\%$

Obs.: φ_2 é o grau de liberdade do denominador de F.

Gráfico 14.2 – Valor crítico de F para $\alpha = 2,5\%$

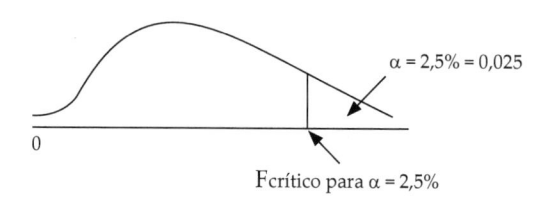

$\alpha = 2,5\% = 0,025$

Fcrítico para $\alpha = 2,5\%$

Obs.: φ_2 é o grau de liberdade do denominador de F.

Vamos analisar outro exemplo para nível de significância $\alpha = 5\%$.

Analisando o tempo gasto por 5 funcionários públicos para atender os usuários em um balcão de informações em uma prefeitura, obtivemos os seguintes resultados, em segundos, relativos ao atendimento dos primeiros 10 clientes por funcionário:

Tabela 14.4 – Tempo dos atendimentos

		Tempo (s)				
		Funcionário A	Funcionário B	Funcionário C	Funcionário D	Funcionário E
Atendimentos	1	45	30	66	28	74
	2	60	45	60	34	48
	3	35	58	48	49	72
	4	44	37	39	43	45
	5	38	42	41	27	56
	6	49	29	56	35	57
	7	55	56	54	40	37
	8	30	65	42	38	48
	9	46	38	33	25	59
	10	58	40	41	41	44

Desejamos analisar as médias dos tempos de atendimento desses 5 funcionários e queremos saber se as diferenças entre as mesmas são significantes ou se podem ser atribuídas ao acaso.

Vamos, então, calcular as médias de tempo desses 5 funcionários e vamos testar a hipótese nula (H_0) que $\mu_A = \mu_B = \mu_C$:

$$\overline{X}_A = \frac{45 + 60 + 35 + 44 + 38 + 49 + 55 + 30 + 46 + 58}{10} = 46$$

$$\overline{X}_B = \frac{30 + 45 + 58 + 37 + 42 + 29 + 56 + 65 + 38 + 40}{10} = 44$$

$$\overline{X}_C = \frac{66 + 60 + 48 + 39 + 41 + 56 + 54 + 42 + 33 + 41}{10} = 48$$

$$\overline{X}_D = \frac{28 + 34 + 49 + 43 + 27 + 35 + 40 + 38 + 25 + 41}{10} = 36$$

$$\overline{X}_E = \frac{74 + 48 + 72 + 45 + 56 + 57 + 37 + 48 + 59 + 44}{10} = 54$$

Vamos calcular a média total:

$$\overline{X} = \frac{\overline{X}_A + \overline{X}_B + \overline{X}_C + \overline{X}_D + \overline{X}_E}{M} = \frac{46 + 44 + 48 + 36 + 54}{5} = 45,6$$

Façamos o cálculo da variância da amostra para as 5 médias.

$$S^2 = \frac{(\overline{X}_A - \overline{X})^2 + (\overline{X}_B - \overline{X})^2 + (\overline{X}_C - \overline{X})^2 + (\overline{X}_D - \overline{X})^2 + (\overline{X}_E - \overline{X})^2}{m - 1}$$

$$S^2 = \frac{(46 - 45,6)^2 + (44 - 45,6)^2 + (48 - 45,6)^2 + (36 - 45,6)^2 + (54 - 45,6)^2}{4}$$

$$S^2 = \frac{0,16 + 2,56 + 5,76 + 92,16 + 70,56}{4}$$

$$S^2 = 42,76$$

Vamos determinar, agora, a variância amostral para cada grupo de resultados:

Tabela 14.5 – Variância amostral para cada grupo de resultados e análise

X_A	X_B	X_C	X_D	X_E	$(X_A - \overline{X}_A)^2$	$(X_B - \overline{X}_B)^2$	$(X_C - \overline{X}_C)^2$	$(X_D - \overline{X}_D)^2$	$(X_E - \overline{X}_E)^2$
45	30	66	28	74	1	196	324	64	400
60	45	60	34	48	196	1	144	4	36
35	58	48	49	72	121	196	0	169	324
44	37	39	43	45	4	49	81	49	81
38	42	41	27	56	64	4	49	441	4
49	29	56	35	57	9	225	64	1	9
55	56	54	40	37	81	144	36	16	289
30	65	42	38	48	256	441	36	4	36
46	38	33	25	59	0	36	225	121	25
58	40	41	41	44	144	16	49	25	100
Σ 460	440	480	360	540	876	1 308	1 008	894	1 304

$$S_A^2 = \frac{\sum (X_A - \overline{X}_A)^2}{n-1} = \frac{876}{9} = 97,33$$

$$S_B^2 = \frac{\sum (X_B - \overline{X}_B)^2}{n-1} = \frac{1\,308}{9} = 145,33$$

$$S_C^2 = \frac{\sum (X_C - \overline{X}_C)^2}{n-1} = \frac{1\,008}{9} = 112$$

$$S_D^2 = \frac{\sum (X_D - \overline{X}_D)^2}{n-1} = \frac{894}{9} = 99,33$$

$$S_E^2 = \frac{\sum (X_E - \overline{X}_E)^2}{n-1} = \frac{1\,304}{9} = 144,89$$

Vamos determinar a média das variâncias amostrais:

$$\overline{S}^2 = \frac{S_A^2 + S_B^2 + S_C^2 + S_D^2 + S_E^2}{m}$$

$$\overline{S}^2 = \frac{97,33 + 145,33 + 112 + 99,33 + 144,89}{5}$$

$$\overline{S}^2 = 119,776$$

Na sequência, vamos calcular a distribuição F:

$$F = \frac{n \cdot S^2}{\overline{S}^2} = \frac{10 \cdot 42,76}{119,776} = 3,57$$

Por fim, consultemos a Tabela 14.2 para encontrar o valor crítico de F.

Como n = 10 (φ_2) e m = 5 (φ_1), temos, na referida tabela, o resultado 3,33 (esse é o valor crítico). Como F = 3,57, no exemplo, é maior que o valor crítico, rejeitaremos H_0.

E qual seria o resultado, caso utilizássemos o nível de significância de 2,5%? Nesse caso, consultamos a Tabela 13.3. Para n = 10 (φ_2) e m = 5 (φ_1), temos o resultado 4,24 para o valor crítico. Como F = 3,57 é menor que o valor crítico, H_0 pode ser aceito.

Por fim, vamos conferir quais são os tipos de variância.

Variância total é aquela que se obtém quando as m amostras são reunidas de modo a constituir uma única, composta da soma de todos os seus elementos.

Variância entre as amostras mede a variação existente entre todas as m amostras que são reunidas.

Variância dentro das amostras mede a variância dentro das n amostras tomadas em conjunto.

Se compararmos as médias de m amostras aleatórias de tamanho n, os graus de liberdade do denominador e do numerador são, respectivamente, $m - 1$ e $m(n - 1)$.

Exercício resolvido

1 Considerando os dados do exemplo analisado neste capítulo (m = 3 amostras e n = 10 elementos por amostra), verifique se é possível aceitar a hipótese nula.

Temos, para a estatística F, 2 graus de liberdade para o numerador e 27 graus de liberdade para o denominador. Consultando a Tabela 14.2, teremos que a estatística F tem 95% de chance de ser menor do que 3,35.

Resposta: Como o valor encontrado foi menor que 3,35, aceitaremos a hipótese nula (H_0).

Síntese

O método de análise da variância consiste em dividir a variância em componentes úteis. O modelo mais simples de Anova é aquele em que observamos os grupos considerando uma única propriedade, pois a aplicação desse método visa justamente possibilitar que façamos a comparação simultânea de várias médias de amostras. Nesse caso, denominamos a análise de *distribuição de F*, pois o método com essa finalidade foi criado por Fischer.

Questões para revisão

1. Quais são os graus de liberdade para o numerador e para o denominador da distribuição F, considerando-se que compararemos as médias de 5 amostras aleatórias que contêm, cada uma, 12 elementos?

2. Um trabalhador de uma indústria produz determinada peça utilizando três diferentes máquinas. Produziu, em cada máquina, 5 peças e anotou o tempo gasto para cada uma, em segundos:

   Máquina A: 90 – 92 – 89 – 90 – 89

   Máquina B: 88 – 87 – 90 – 91 – 89

   Maquina C: 92 – 91 – 88 – 89 – 95

   Pergunta-se:

   a) a hipótese nula poderá ser rejeitada?

   b) sendo os dados fornecidos amostras aleatórias de populações normais e com o mesmo desvio padrão, as diferenças entre as três médias podem ser atribuídas ao acaso (faça o teste com 0,05 de nível de significância)?

3. É uma condição para a aplicação da análise da variância:

   a. as amostras originarem-se em populações que têm distribuição anormal;

   b. as amostras originarem-se em populações com distribuição normal;

   c. o valor da variância ser diferente nas populações observadas;

   d. a situação de dependência das amostras em relação a inferência feita.

4. Assinale V nas assertivas verdadeiras e F nas falsas.

   ( ) Constitui-se uma sequência de passos para a análise de variância: cálculo da média de cada amostra; determinação da média total; cálculo da variância amostral para cada grupo de resultados.

   ( ) A distribuição F é calculada após a média das variâncias amostrais.

( ) Usamos a distribuição F para verificarmos a igualdade entre duas médias.

( ) Fischer foi quem criou a Anova com o objetivo de estabelecer paralelos entre amostras aleatórias e independentes.

A sequência correta de preenchimento dos parênteses é:

a) F, F, V, V.

b) V, F, V, F.

c) F, F, V, F.

d) V, V, F, F.

5. A variância pode ser:

a. apenas variância total.

b. unicamente a variância entre as amostras.

c. considerada sempre variância dentro das amostras.

d. variância total, variância entre as amostras e variância dentro das amostras.

capítulo 15

Teste para comparação de duas médias (Teste t de Student)

Conteúdos do capítulo
- Conceituação do método de cálculo do Teste t de Student.
- Aplicação do Teste t de Student.

Após o estudo deste capítulo, você será capaz de:
1. conceituar o método de cálculo do Teste t de Student
2. aplicar o cálculo do Teste t de Student em situações práticas.

O tema do Capítulo 13 foi o teste para as médias populacionais (μ). O teorema central do limite diz que "Se tomarmos amostras grandes ($n \geq 30$) de uma população, as médias amostrais terão distribuição normal mesmo que os dados originais não tenham uma distribuição normal".

Um ótimo estimador para a média de uma população (μ) é a média de uma amostra ($\overline{X}$) dessa população. A distribuição amostral das médias é normal, com:

$$Z_r = \frac{\overline{X} - \mu}{\frac{\sigma}{\sqrt{n}}}$$

Z_r é denominado *teste Z* de uma amostra.

Vamos, agora, estudar o **Teste t de Student** ou simplesmente **Teste t** para compararmos as médias de duas populações, A e B, independentes e que tenham distribuição normal, havendo na população A uma amostra de tamanho n_1 e na população B uma amostra de tamanho n_2.

Conceitualmente, se tirarmos de uma mesma população que tenha distribuição normal várias amostras de mesmo tamanho (n) e se calcularmos as médias de uma variável dessas amostras, essas médias seguem uma distribuição t de Student. O que se pretende com o Teste t é avaliar se existe uma diferença significativa entre as médias dessas duas amostras.

As médias populacionais são, respectivamente μ_1 e μ_2. Por sua vez, as médias amostrais são $\overline{X}_1$ e $\overline{X}_2$. As variâncias das populações A e B são, respectivamente, σ_1^2 e σ_2^2, enquanto a variâncias das amostras são S_1^2 e S_2^2.

Há pelo menos dois casos a considerar:

a) as variâncias são iguais ($\sigma_1^2 = \sigma_2^2$) e desconhecidas;

b) as variâncias são diferentes ($\sigma_1^2 \neq \sigma_2^2$) e desconhecidas.

Vamos, então, considerar que as variâncias sejam iguais e desconhecidas. Sendo $\sigma_1^2 = \sigma_2^2$, vamos denominá-las simplesmente de σ^2.

Como proceder no teste das duas médias, para saber se são iguais? Para tal, vamos utilizar a variável t.

Utilizamos a fórmula:

$$t = \frac{\overline{X}_1 - \overline{X}_2 - (\mu_1 - \mu_2)}{Sp \cdot \sqrt{\dfrac{1}{n_1} + \dfrac{1}{n_2}}}$$

em que Sp é uma estimativa do desvio padrão populacional, ou seja, uma estimativa de σ.

Vamos supor que o desvio padrão seja igual nas populações A e B que estamos pesquisando, ou seja, $\sigma_1 = \sigma_2$, o que não significa dizer que $S_1 = S_2$.

$$Sp = \sqrt{\frac{(n_1 - n_2) \cdot S_1^2 + (n_2 - 1) \cdot S_2^2}{n_1 + n_2 - 2}}$$

Uma vez que estamos supondo que as médias μ_1 e μ_2 são iguais e considerando que as variâncias também são iguais, temos as seguintes hipóteses possíveis:

$H_0: \mu_1 = \mu_2$

$H_1: \mu_1 > \mu_2$

ou

$H_0: \mu_1 = \mu_2$

$H_1: \mu_1 < \mu_2$

ou

$H_0: \mu_1 = \mu_2$

$H_1: \mu_1 \neq \mu_2$

Conforme fizemos anteriormente, uma vez fixado o nível de significância, determinaremos a região crítica (cálculo de t). É preciso lembrar que, em H_0, nos três casos considerados, $\mu_1 = \mu_2$.

Então, o cálculo de t para H_0 é:

$$T_0 = \frac{\overline{X}_1 - \overline{X}_2}{Sp \cdot \sqrt{\frac{1}{n_1} + \frac{1}{n_2}}}$$

Uma vez obtido o valor de t_0, basta fazer a análise:

a) no caso de H_1: $\mu_1 > \mu_2$, se $t_0 > t$, rejeitamos H_0;

b) no caso de H_1: $\mu_1 < \mu_2$, se $t_0 < -t$, rejeitamos H_0;

c) no caso de H_1: $\mu_1 \neq \mu_2$, se $t_0 > t/2$ ou se $T_0 < -t/2$, rejeitamos H_0.

Como obter o valor de t?

Para tal, devemos consultar a tabela t–Student, em que, na primeira coluna vertical, temos o grau de liberdade (GL).

$GL = n_1 + n_2 - 2$

Tabela 15.1 – Distribuição t de Student

GL	(α)						
	0,250	0,100	0,050	0,025	0,010	0,005	0,001
1	1,000000	3,07768	6,31375	12,70620	31,82052	63,6567	318,3090
2	0,816497	1,88562	2,91999	4,302653	6,964557	9,9248	22,3271
3	0,764892	1,63774	2,35336	3,182446	4,540703	5,8409	10,2145
4	0,740697	1,53321	2,13185	2,776445	3,746947	4,6041	7,1732
5	0,726687	1,47588	2,01505	2,570582	3,364930	4,0321	5,8934
6	0,717558	1,43976	1,94318	2,446912	3,142668	3,7074	5,2076
7	0,711142	1,41492	1,89458	2,364624	2,997952	3,4995	4,7853
8	0,706387	1,39682	1,85955	2,306004	2,896459	3,3554	4,5008
9	0,702722	1,38303	1,83311	2,262157	2,821438	3,2498	4,2968
10	0,699812	1,37218	1,81246	2,228139	2,763769	3,1693	4,1437
11	0,697445	1,36343	1,79588	2,200985	2,718079	3,1058	4,0247
12	0,695483	1,35622	1,78229	2,178813	2,680998	3,0545	3,9296
13	0,693829	1,35017	1,77093	2,160369	2,650309	3,0123	3,8520
14	0,692417	1,34503	1,76131	2,144787	2,624494	2,9768	3,7874
15	0,691197	1,34061	1,75305	2,131450	2,602480	2,9467	3,7328
16	0,690132	1,33676	1,74588	2,119905	2,583487	2,9208	3,6862
17	0,689195	1,33338	1,73961	2,109816	2,566934	2,8982	3,6458
18	0,688364	1,33039	1,73406	2,100922	2,552380	2,8784	3,6105
19	0,687621	1,32773	1,72913	2,093024	2,539483	2,8609	3,5794
20	0,686954	1,32534	1,72472	2,085963	2,527977	2,8453	3,5518
21	0,686352	1,32319	1,72074	2,079614	2,517648	2,8314	3,5272
22	0,685805	1,32124	1,71714	2,073873	2,508325	2,8188	3,5050
23	0,685306	1,31946	1,71387	2,068658	2,499867	2,8073	3,4850

(continua)

(Tabela 15.1 – continuação)

Teste para comparação de duas médias (Teste t de Student)

GL	(α)						
	0,250	0,100	0,050	0,025	0,010	0,005	0,001
24	0,684850	1,31784	1,71088	2,063899	2,492159	2,7969	3,4668
25	0,684430	1,31635	1,70814	2,059539	2,485107	2,7874	3,4502
26	0,684043	1,31497	1,70562	2,055529	2,478630	2,7787	3,4350
27	0,683685	1,31370	1,70329	2,051831	2,472660	2,7707	3,4210
28	0,683353	1,31253	1,70113	2,048407	2,467140	2,7633	3,4082
29	0,683044	1,31143	1,69913	2,045230	2,462021	2,7564	3,3962
30	0,682756	1,31042	1,69726	2,042272	2,457262	2,7500	3,3852
31	0,682486	1,30946	1,69552	2,039513	2,452824	2,7440	3,3749
32	0,682234	1,30857	1,69389	2,036933	2,448678	2,7385	3,3653
33	0,681997	1,30774	1,69236	2,034515	2,444794	2,7333	3,3563
34	0,681774	1,30695	1,69092	2,032245	2,441150	2,7284	3,3479
35	0,681564	1,30621	1,68957	2,030108	2,437723	2,7238	3,3400
36	0,681366	1,30551	1,68830	2,028094	2,434494	2,7195	3,3326
37	0,681178	1,30485	1,68709	2,026192	2,431447	2,7154	3,3256
38	0,681001	1,30423	1,68595	2,024394	2,428568	2,7116	3,3190
39	0,680833	1,30364	1,68488	2,022691	2,425841	2,7079	3,3128
40	0,680673	1,30308	1,68385	2,021075	2,423257	2,7045	3,3069
41	0,680521	1,30254	1,68288	2,019541	2,420803	2,7012	3,3013
42	0,680376	1,30204	1,68195	2,018082	2,418470	2,6981	3,2960
43	0,680238	1,30155	1,68107	2,016692	2,416250	2,6951	3,2909
44	0,680107	1,30109	1,68023	2,015368	2,414134	2,6923	3,2861
45	0,679981	1,30065	1,67943	2,014103	2,412116	2,6896	3,2815
46	0,679861	1,30023	1,67866	2,012896	2,410188	2,6870	3,2771
47	0,679746	1,29982	1,67793	2,011741	2,408345	2,6846	3,2729
48	0,679635	1,29944	1,67722	2,010635	2,406581	2,6822	3,2689
49	0,679530	1,29907	1,67655	2,009575	2,404892	2,6800	3,2651
50	0,679428	1,29871	1,67591	2,008559	2,403272	2,6778	3,2614
51	0,679331	1,29837	1,67528	2,007584	2,401718	2,6757	3,2579
52	0,679237	1,29805	1,67469	2,006647	2,400225	2,6737	3,2545
53	0,679147	1,29773	1,67412	2,005746	2,398790	2,6718	3,2513
54	0,679060	1,29743	1,67356	2,004879	2,397410	2,6700	3,2481
55	0,678977	1,29713	1,67303	2,004045	2,396081	2,6682	3,2451
56	0,678896	1,29685	1,67252	2,003241	2,394801	2,6665	3,2423
57	0,678818	1,29658	1,67203	2,002465	2,393568	2,6649	3,2395
58	0,678743	1,29632	1,67155	2,001717	2,392377	2,6633	3,2368
59	0,678671	1,29607	1,67109	2,000995	2,391229	2,6618	3,2342
60	0,678601	1,29582	1,67065	2,000298	2,390119	2,6603	3,2317
61	0,678533	1,29558	1,67022	1,999624	2,389047	2,6589	3,2293
62	0,678467	1,29536	1,66980	1,998972	2,388011	2,6575	3,2270
63	0,678404	1,29513	1,66940	1,998341	2,387008	2,6561	3,2247
64	0,678342	1,29492	1,66901	1,997730	2,386037	2,6549	3,2225
65	0,678283	1,29471	1,66864	1,997138	2,385097	2,6536	3,2204
66	0,678225	1,29451	1,66827	1,996564	2,384186	2,6524	3,2184
67	0,678169	1,29432	1,66792	1,996008	2,383302	2,6512	3,2164
68	0,678115	1,29413	1,66757	1,995469	2,382446	2,6501	3,2145
69	0,678062	1,29394	1,66724	1,994945	2,381615	2,6490	3,2126
70	0,678011	1,29376	1,66691	1,994437	2,380807	2,6479	3,2108
71	0,677961	1,29359	1,66660	1,993943	2,380024	2,6469	3,2090
72	0,677912	1,29342	1,66629	1,993464	2,379262	2,6459	3,2073
73	0,677865	1,29326	1,66600	1,992997	2,378522	2,6449	3,2057
74	0,677820	1,29310	1,66571	1,992543	2,377802	2,6439	3,2041
75	0,677775	1,29294	1,66543	1,992102	2,377102	2,6430	3,2025
76	0,677732	1,29279	1,66515	1,991673	2,376420	2,6421	3,2010

(Tabela 15.1 – conclusão)

GL	(α)						
	0,250	0,100	0,050	0,025	0,010	0,005	0,001
77	0,677689	1,29264	1,66488	1,991254	2,375757	2,6412	3,1995
78	0,677648	1,29250	1,66462	1,990847	2,375111	2,6403	3,1980
79	0,677608	1,29236	1,66437	1,990450	2,374482	2,6395	3,1966
80	0,677569	1,29222	1,66412	1,990063	2,373868	2,6387	3,1953
81	0,677531	1,29209	1,66388	1,989686	2,373270	2,6379	3,1939
82	0,677493	1,29196	1,66365	1,989319	2,372687	2,6371	3,1926
83	0,677457	1,29183	1,66342	1,988960	2,372119	2,6364	3,1913
84	0,677422	1,29171	1,66320	1,988610	2,371564	2,6356	3,1901
85	0,677387	1,29159	1,66298	1,988268	2,371022	2,6349	3,1889
86	0,677353	1,29147	1,66277	1,987934	2,370493	2,6342	3,1877
87	0,677320	1,29136	1,66256	1,987608	2,369977	2,6335	3,1866
88	0,677288	1,29125	1,66235	1,987290	2,369472	2,6329	3,1854
89	0,677256	1,29114	1,66216	1,986979	2,368979	2,6322	3,1843
90	0,677225	1,29103	1,66196	1,986675	2,368497	2,6316	3,1833
91	0,677195	1,29092	1,66177	1,986377	2,368026	2,6309	3,1822
92	0,677166	1,29082	1,66159	1,986086	2,367566	2,6303	3,1812
93	0,677137	1,29072	1,66140	1,985802	2,367115	2,6297	3,1802
94	0,677109	1,29062	1,66123	1,985523	2,366674	2,6291	3,1792
95	0,677081	1,29053	1,66105	1,985251	2,366243	2,6286	3,1782
96	0,677054	1,29043	1,66088	1,984984	2,365821	2,6280	3,1773
97	0,677027	1,29034	1,66071	1,984723	2,365407	2,6275	3,1764
98	0,677001	1,29025	1,66055	1,984467	2,365002	2,6269	3,1755
99	0,676976	1,29016	1,66039	1,984217	2,364606	2,6264	3,1746
100	0,676951	1,29007	**1,66023**	1,983972	2,364217	2,6259	3,1737
101	0,676927	1,28999	1,66008	1,983731	2,363837	2,6254	3,1729
102	0,676903	1,28991	1,65993	1,983495	2,363464	2,6249	3,1721
103	0,676879	1,28982	1,65978	1,983264	2,363098	2,6244	3,1712
104	0,676856	1,28974	1,65964	1,983038	2,362739	2,6239	3,1705
105	0,676833	1,28967	1,65950	1,982815	2,362388	2,6235	3,1697
106	0,676811	1,28959	1,65936	1,982597	2,362043	2,6230	3,1689
107	0,676790	1,28951	1,65922	1,982383	2,361704	2,6226	3,1682
108	0,676768	1,28944	1,65909	1,982173	2,361372	2,6221	3,1674
109	0,676747	1,28937	1,65895	1,981967	2,361046	2,6217	3,1667
110	0,676727	1,28930	1,65882	1,981765	2,360726	2,6213	3,1660
111	0,676706	1,28922	1,65870	1,981567	2,360412	2,6208	3,1653
112	0,676687	1,28916	1,65857	1,981372	2,360104	2,6204	3,1646
113	0,676667	1,28909	1,65845	1,981180	2,359801	2,6200	3,1639
114	0,676648	1,28902	1,65833	1,980992	2,359504	2,6196	3,1633
115	0,676629	1,28896	1,65821	1,980808	2,359212	2,6193	3,1626
116	0,676611	1,28889	1,65810	1,980626	2,358924	2,6189	3,1620
117	0,676592	1,28883	1,65798	1,980448	2,358642	2,6185	3,1614
118	0,676575	1,28877	1,65787	1,980272	2,358365	2,6181	3,1607
119	0,676557	1,28871	1,65776	1,980100	2,358093	2,6178	3,1601
120	0,676540	1,28865	1,65765	1,979930	2,357825	2,6174	3,1595
∞	0,674	1,282	1,645	1,96	2,326	2,576	3,09

O que significa grau de liberdade?

Cada uma das variáveis aleatórias normais atua como um número que podemos escolher livremente; e como temos n desses números, é como se tivéssemos n diferentes escolhas livres. (Downing; Clark, 1998).

Na primeira linha horizontal da Tabela 15.1 temos alguns valores para os níveis de significância (α).

Exercício resolvido

Compare as médias das populações A e B com amostras $n_1 = 51$ e $n_2 = 51$, sendo, portanto, GL = 51 + 51 − 2 = 100. Suponha o teste $H_0: \mu_1 = \mu_2$; $H_1: \mu_1 \neq \mu_2$ com nível de significância (α) de 5%.

Vamos à resolução.

Ao fazer um teste bilateral, determinamos que as médias das amostras são, respectivamente, $\overline{X}_1 = 10{,}43$ e $\overline{X}_2 = 2{,}0$, e as variâncias são, respectivamente, $S_1^2 = 39$ e $S_2^2 = 52$.

Então, consultamos na coluna para $\alpha = 0{,}05$ o valor de GL = 100. Assim, obtemos t = 1,66023. Esse é o denominado *t crítico*. Observe a Tabela 15.1 e a Figura 15.1.

Figura 15.1 − t crítico para $\alpha = 0{,}05$ e para GL = 100

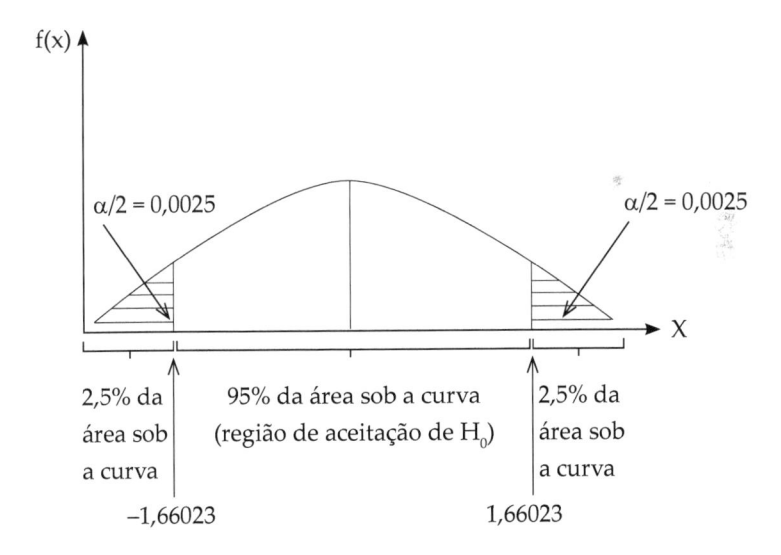

2,5% da área sob a curva | 95% da área sob a curva (região de aceitação de H_0) | 2,5% da área sob a curva

−1,66023   1,66023

Vamos calcular T_0. Lembrar que:

$$T_0 = \frac{\overline{X}_1 - \overline{X}_2}{Sp \cdot \sqrt{\dfrac{1}{n_1} + \dfrac{1}{n_2}}}$$

e que

$$Sp = \sqrt{\frac{(n_1 - 1) \cdot S_1^2 + (n_2 - 1) \cdot S_2^2}{n_1 + n_2 - 2}}$$

Então, temos:

$$Sp = \sqrt{\frac{(51 - 1) \cdot 39 + (51 - 1) \cdot 52}{51 + 51 - 2}}$$

$$Sp = \sqrt{\frac{1\,950 + 2\,600}{100}}$$

$Sp = 6{,}7454$

$$T_0 = \frac{10{,}43 - 2{,}0}{6{,}7454}$$

$T_0 = 1{,}25$

Lembre-se de que o t crítico que calculamos é igual a 1,66023. Precisamos, então, tomar uma decisão: aceitar ou rejeitar H_0.

Resposta: Como $T_0 < t$, aceitaremos H_0, pois T_0 está dentro da região de aceitação (observe novamente a Figura 15.1).

Síntese

Estudamos o Teste t de Student, muito utilizado quando desejamos comparar as médias de duas populações independentes e que tenham distribuição normal. Há, ao menos, dois casos a considerar: quando as variâncias são iguais e desconhecidas e quando as variâncias são diferentes e desconhecidas. Para a realização do teste, aprendemos a determinar o valor da variável t e, a partir da comparação com o t crítico, tomar uma decisão: aceitar ou rejeitar a hipótese nula que está sendo testada.

Questões para revisão

1. Duas turmas de determinada instituição de ensino superior realizaram o mesmo teste de Estatística. A turma 1 tem 45 alunos na modalidade a distância, e a turma 2 tem 45 alunos na modalidade presencial e as notas obtidas pelas duas turmas foram:

   Turma 1

   4,0 - 7,0 - 7,4 - 4,2 - 5,5 - 9,0 - 8,8 - 7,5 - 6,0 - 8,5 - 6,6 - 7,4 - 9,2 - 6,6 - 8,2 - 7,5 - 6,5 - 5,4 - 5,0 - 7,0 - 8,0 - 8,0 - 7,0 - 7,4 - 7,5 - 6,6 - 6,6 - 9,6 - 8,0 - 7,5 - 7,0 - 7,0 - 7,4 - 6,5 - 6,0 - 5,5 - 6,6 - 7,0 - 6,5 - 6,0 - 8,2 - 5,0 - 5,4 - 5,5 - 7,4

   Turma 2

   5,5 - 8,0 - 7,5 - 4,8 - 5,4 - 7,5 - 6,5 - 4,9 - 5,0 - 4,4 - 8,8 - 9,0 - 6,6 - 6,8 - 8,4 - 4,2 - 9,2 - 6,0 - 7,7 - 4,9 - 5,5 - 6,8 - 7,4 - 9,0 - 8,1 - 7,4 - 6,6 - 7,0 - 7,0 - 4,4 - 8,3 - 4,4 - 5,4 - 6,0 - 9,4 - 8,8 - 4,8 - 8,8 - 6,0 - 6,5 - 6,0 - 4,8 - 6,0 - 6,5 - 5,0

   Considere que essas duas turmas são amostras aleatórias de duas populações independentes e normalmente distribuídas e suponha o teste $H_0: \mu_1 = \mu_2; H_1: \mu_1 \neq \mu_2$.

   Compare as médias das duas populações, fazendo um teste bilateral, supondo um nível de significância de 1%.

2. Foi realizada uma pesquisa entre duas populações de vacas leiteiras, sendo o grupo 1 constituído por 40 vacas soltas no pasto e o grupo 2 constituído por 40 vacas confinadas. Observou-se que o grupo 1 produziu, em média, 19 litros de leite por dia, enquanto o grupo 2 produziu, em média, 22 litros de leite por dia.

   Considere que esses dois grupos são amostras aleatórias de duas populações independentes e normalmente distribuídas e suponha o teste $H_0: \mu_1 = \mu_2 ; H_1: \mu_1 < \mu_2$.

   Compare as médias das duas populações para um nível de significância de 10%.

Para concluir...

Mário Quintana não era um estudioso de estatística, pelo menos não que se saiba. Mas foi de tal modo minucioso e atento que podemos até dizer ter ele muitas vezes perscrutado a estatística do insondável em seus poemas. Naturalmente, essa aplicação estatística pertence unicamente aos poetas. Contudo, que ele tinha uma consciência do fazer, da aplicação estatística, tinha. Eis o que ele afirmou em *As indagações*: "A resposta certa, não importa nada: o essencial é que as perguntas estejam certas".

Sim, isso é primordial, ao aplicarmos os parâmetros estatísticos, precisamos saber objetivamente o que queremos medir. Esse é o princípio básico. Obviamente, como não somos poetas, as respostas devem conter uma margem de erro mínima. Aliás, considerando a aplicação da estatística no desenvolvimento das ciências, devemos destacar que não é suficiente observar os fenômenos, faz-se necessário o estudo de suas causas. É nesse processo que a estatística tornou-se uma ferramenta preciosa na pesquisa de casualidade que há entre os fenômenos. Atualmente, ela, a Estatística, apresenta-se como indispensável nos planejamentos, bem como na coleta, descrição, análise e organização das informações e dos conhecimentos. Assim, tornou-se uma ciência necessária em várias áreas das diversas ciências, e certamente em sua área de estudos ou atuação, não importa qual seja, ela também está presente, o que explica a importância de estudar a aplicação de métodos estatísticos para o seu aprimoramento profissional.

Referências

BUSSAB, W. de O.; MORETTIN, P. A. **Estatística básica**. 5. ed. São Paulo: Saraiva, 2002.

CASTRO, L. S. V. de. **Pontos de estatística**. 16. ed. Rio de Janeiro: Científica, 1975.

DOWNING, D.; CLARK, J. **Estatística aplicada**. São Paulo: Saraiva, 1998.

ESTATÍSTICAS para o estudo das relações internacionais: maio de 2016. Brasília: Funag, 2016.

FARIAS, A. A. de; SOARES, J. F.; CÉSAR, C. C. **Introdução à estatística**. 2. ed. Rio de Janeiro: LTC, 2003.

FEIJOO, A. M. L. C. Provas estatísticas. In: **A pesquisa e a estatística na psicologia e na educação** [online]. Rio de Janeiro: Centro Edelstein de Pesquisas Sociais, 2010.

FERREIRA, A. B. de H. **Novo dicionário Aurélio**. 2. ed. Rio de Janeiro: Nova Fronteira, 1986.

FONSECA, J. S. da; MARTINS, G. de A. **Curso de estatística**. 6. ed. São Paulo: Atlas, 1996.

FREUND, J. E. **Estatística aplicada**: economia, administração e contabilidade. 11. ed. Porto Alegre: Bookman, 2006.

HOEL, P. G. **Estatística elementar**. São Paulo: Atlas, 1981.

IBGE – Instituto Brasileiro de Geografia e Estatística. Conselho Nacional de Estatística. Resolução-JEC n. 886, de 26 de outubro de 1966. **Legislação**: Resoluções da Junta Executiva Central: 871 a 904. Resoluções da Comissão Censitária Nacional: 72, 1965 a 80, 1966. Rio de Janeiro: IBGE, 1967. Disponível em: <https://biblioteca.ibge.gov.br/visualizacao/periodicos/1723/rjec_1967_n871_n904.pdf>. Acesso em: 4 de maio de 2018.

LAPPONI, J. C. **Estatística usando Excel 5 e 7**. São Paulo: Lapponi Treinamento e Editora, 1997.

LEWIS, D. G. **Análise de variância**. São Paulo: Harbra, 1995.

LIPSCHUTZ, S. **Probabilidade**. Rio de Janeiro: McGraw-Hill do Brasil, 1974.

MARTINS, G. de A.; DONAIRE, D. **Princípios de estatística**. 4. ed. São Paulo: Atlas, 1990.

SILVA, E. M. da. et al. **Estatística para os cursos de**: economia, administração, ciências contábeis. São Paulo: Atlas, 1997.

TOLEDO, G. L.; OVALLE, I. I. **Estatística básica**. 2. ed. São Paulo: Atlas, 1995.

VIEIRA, S. **Princípios de estatística**. São Paulo: Pioneira, 1999.

WERKEMA, C. **Inferência estatística**. Rio de Janeiro: Campus, 2014.

WILD, C. J.; SEBER, G. A. F. **Encontros com o acaso**: um primeiro curso de análise de dados e inferência. Rio de Janeiro: LTC, 2004.

Respostas

Capítulo 1

1. População é o conjunto de elementos que desejamos observar para obter determinada informação.

2. Amostra é o subconjunto de elementos retirados da população que se está observando.

3. b

4. c

5. d

Capítulo 2

1. 7

2. a

3. 5

4. Gráfico de colunas.

5. As partes que constituem uma tabela são o cabeçalho, o corpo e o rodapé.

Capítulo 3

1. 6

2. 60

3. 8

4. 2

5. 9

6. c

7. A variável qualitativa descreve qualidades; a variável quantitativa é expressa por meio de valores numéricos.

8. É uma série estatística específica caracterizada pelo fato de seus dados serem dispostos em classes, com suas respectivas frequências absolutas.

Capítulo 4

1. A média é 7.
2. O salário é de R$ 830,40.
3. A mediana é 7.
4. R$ 824,00
5. R$ 828,00
6. A média mensal foi de 3,0 bilhões.
7. A média mensal foi de 55 milhares de pares.
8. 15
9. A média de produção é de 146 peças por mês.
10. O preço médio é de R$ 440,00.
11. As medidas de posição servem para resumir os dados, apresentando um ou mais valores da série estudada.
12. A média aritmética simples é utilizada para dados não agrupados, e a média aritmética ponderada, para dados agrupados, onde cada grandeza envolvida no cálculo da média tem diferente peso.

Capítulo 5

1. O desvio médio desse conjunto é 2.
2. 5,6
3. 2,3664
4. 6
5. 2
6. O desvio médio dos salários em relação à média é igual a 1,76.
7. A variância do conjunto é de 4,33.
8. O desvio padrão é de 2,08.

9. As medidas de dispersão são utilizadas para verificar o quanto os valores encontrados em uma pesquisa estão afastados ou dispersos em relação à média ou a em relação à mediana.

10. As medidas de dispersão são: amplitude total ou intervalo total; amplitude semi-interquartílica, ou intervalo semi-interquartílico, ou desvio quartil; desvio médio; variância; e desvio padrão.

11. O desvio padrão do conjunto é 2,6529.

Capítulo 6

1. −0,20
2. 0,30
3. e
4. b
5. d
6. As medidas de assimentria indicam o grau de deformação de uma curva de frequências.
7. As medidas de curtose indicam o quanto uma distribuição de frequências é mais achatada ou mais afilada do que uma curva padrão, a qual é denominada de *curva normal*.

Capítulo 7

1. 10/18
2. 1/2
3. 4/16
4. 16/52
5. 55/100
6. 76%
7. 5%
8. 284/3 000
9. 8/720
10. 9/20

11. 38/100

12. 0,16%

13. A estatística baseia-se em experimentos. O cálculo de probabilidades, por sua vez, baseia-se em postulados lógicos.

14. Os fenômenos estudados em estatística são fenômenos cujos resultados apresentam variações de uma observação para outra, dificultando dessa maneira a previsão de um resultado futuro.

Capítulo 8

1. 43,05%

2. 19,37%

3. 14,68%

4. 9,375%

5. 26,68%

6. É um modelo matemático para a distribuição real de frequências.

7. Na variável aleatória, os valores são determinados por processos ocasionais, aqueles que ocorrem fora do controle dos observadores. Ela pode ser discreta ou contínua. Quando se trata de uma variável aleatória discreta, podemos relacionar todos os possíveis valores em uma tabela com as respectivas probabilidades. Quando se trata de uma variável contínua, não podemos listar todos os possíveis valores fracionários e temos de retratar as probabilidades por meio de uma função densidade ou por uma curva de probabilidade.

Capítulo 9

1. 27,068%

2. 6,13%

3. 2,90%

4. 14,66%

5. 4,46%

6. Utilizamos a distribuição de Poisson para determinar a probabilidade de dado número de sucessos quando os eventos ocorrem em um *continuum* de tempo ou espaço.

7. Somente um, o número médio de sucessos para a específica dimensão de interesse.

Capítulo 10

1. 20
2. 68,26%
3. 15,87%
4. 77,45%
5. 92,70%
6. 2,28%
7. 30,85%
8. 5,45
9. 93,32%
10. 31,74%
11. Uma variável aleatória contínua caracteriza-se pela condição de assumir qualquer valor real (inteiro ou fracionário) dentro de um intervalo definido de valores.
12. Ela caracteriza-se como uma distribuição de probabilidade contínua. O seu aspecto diferencial está no fato de ser simétrica em relação à média e mesocúrtica e assíntota em relação ao eixo das abscissas, em ambas as direções.

Capítulo 11

1. $\overline{X} = n = 12$
   $S^2 = 2n = 24$
   $S = 4,89898$

2. $k = 13,675$

3. $k = 0,975 - 0,025 = 0,950$ ou 95%

4. k = 9,299
5. k = 56,369
6. b
7. b

Capítulo 12

1. IC $(67,38 < \mu < 68,62) = 90\%$
2. IC $(159 < \mu < 165) = 95\%$
3. IC $(56,29 < \mu < 70,25) = 99\%$
4. IC $(60,10 < \mu < 66,44) = 75,80\%$
5. IC $(1\,780 < \mu < 1\,900) = 95\%$
6. A inferência estatística compreende uma sequência de procedimentos probabilísticos, em que estão inclusos a amostragem, a estimação e a aplicação do intervalo de confiança.
7. São valores obtidos por meio de observações de uma amostra que utilizamos para determinar um intervalo de modo que haja a probabilidade de tal intervalo conter o valor desconhecido de um parâmetro que buscamos.

Capítulo 13

1. $z_r = -2,67$ e está na zona de rejeição.
2. $z_r = 1,5$ e está na zona de aceitação.
3. A hipótese que $\mu = 500$ é aceita, pois $Z_r < 1,65$.
4. A hipótese nula será aceita porque Z_r está na zona de aceitação.
5. A hipótese nula será aceita porque Z_r está na zona de aceitação.
6. Hipótese nula é a informação que será testada (H_0); hipótese alternativa é aquela que afirma ser a hipótese nula falsa. A primeira (a nula) representa uma igualdade e a segunda (a alternativa) uma desigualdade.

7. Recebe o nome de *nível de significância* a probabilidade de cometermos o erro de rejeitar a hipótese nula quando ela for verdadeira.

Capítulo 14

1. Numerador = grau de liberdade igual a 55.
   Denominador = grau de liberdade igual a 4.
2. a) Não, pois F = 1,11.
   b) Sim, podem ser atribuídas ao acaso.
3. b
4. d
5. d

Capítulo 15

1. $\overline{X}_1 = 6,9$; $S_1^2 = 1,5462$

   $\overline{X}_2 = 6,6$; $S_2^2 = 2,30$

   t = 2,369472 (t crítico)

   $T_0 = 11,2873$

   Como $T_0 > t$, rejeitaremos H_0, ou seja, não é verdade que $\mu_1 = \mu_2$

2. $X_1 = 19$; $S_1^2 = 2,2$

   $X_2 = 22$; $S_2^2 = 2,0$

   t = –1,66462

   $T_0 = -6,49716$

   Como $T_0 < -t$, rejeitaremos H_0, ou seja, não é verdade que $\mu_1 = \mu_2$

Sobre o autor

Nelson Pereira Castanheira é graduado em Eletrônica pela Universidade Federal do Paraná (UFPR) e é graduado em Matemática, em Física e em Desenho Geométrico pela Pontifícia Universidade Católica do Paraná (PUCPR). É especialista em Análise de Sistemas, especialista em Finanças e em Informatização. É mestre em Administração de Empresas com ênfase em Recursos Humanos pela Universidad de Extremadura, Espanha. É doutor em Engenharia de Produção pela Universidade Federal de Santa Catarina (UFSC).

Ao longo de sua carreia, desde 1970, exerceu diversas atividades na IBM do Brasil, na Siemens e no Sistema Telebrás, como gerente de produtos e serviços, como instrutor, como coordenador e como analista de dados. Sua experiência, como professor, iniciou em 1971 na Escola Técnica Federal do Paraná onde foi professor, coordenador do curso de Telecomunicações e membro do Conselho Federal de Educação.

Foi professor na Uniandrade, na Universidade Tuiuti do Paraná, no Instituto Brasileiro de Pós-graduação e Extensão (IBPEX), na Faculdade Educacional Araucária (Facear), na Faculdade Internacional de Curitiba (Facinter), na Faculdade de Tecnologia Internacional (Fatec) e no Centro Universitário Internacional Uninter.

Na Uninter exerceu cargos de coordenador, diretor, pró-reitor de graduação e atualmente é pró-reitor de pós-graduação, pesquisa e extensão. É autor de vários livros, como *Matemática aplicada*, *Matemática financeira aplicada*, *Estatística aplicada*, *Métodos quantitativos*, *HP 12c: como utilizá-la com facilidade*, *Matemática financeira e análise financeira para todos os níveis*, *Matemática comercial e financeira*, *Teoria dos números e teoria dos conjuntos*, *Equações e regras de três*, *Geometria plana e trigonometria*, *Logaritmos e funções*, *Limites, derivadas e integrais*, *Raciocínio lógico e lógica quantitativa* e *Geometria analítica*.

Impressão:
Fevereiro/2023